Kongher Herjalearn

Prática de gestão da água na exploração mineira, Phu Kham Cu-Au, RDP do Laos

Kongher Herjalearn

Prática de gestão da água na exploração mineira, Phu Kham Cu-Au, RDP do Laos

ScienciaScripts

Imprint

Any brand names and product names mentioned in this book are subject to trademark, brand or patent protection and are trademarks or registered trademarks of their respective holders. The use of brand names, product names, common names, trade names, product descriptions etc. even without a particular marking in this work is in no way to be construed to mean that such names may be regarded as unrestricted in respect of trademark and brand protection legislation and could thus be used by anyone.

Cover image: www.ingimage.com

This book is a translation from the original published under ISBN 978-3-659-74123-4.

Publisher:
Sciencia Scripts
is a trademark of
Dodo Books Indian Ocean Ltd. and OmniScriptum S.R.L publishing group

120 High Road, East Finchley, London, N2 9ED, United Kingdom
Str. Armeneasca 28/1, office 1, Chisinau MD-2012, Republic of Moldova, Europe
Printed at: see last page
ISBN: 978-620-8-13514-0

Índice:

Agradecimentos

O tempo passa depressa. Sem a ajuda das seguintes pessoas, não teria conseguido alcançar estes objectivos em dois anos na Universidade.

Em primeiro lugar, gostaria de expressar os meus sinceros e profundos agradecimentos à minha orientadora - Professora Doutora Alice Sharp e à minha co-orientadora - Professora Doutora Sandhya Babel, que me ajudaram pacientemente e gentilmente a concluir este trabalho, orientando-me e aconselhando-me continuamente, passo a passo. Estou também extremamente grato a outros comités pelas suas inestimáveis sugestões, tempo e apoio.

Um agradecimento especial ao Prof. Dr.-Ing. Huber Roth. Dr. Huber Roth. Sem a sua decisão de 30 minutos, não poderia ter tido a oportunidade de participar no programa Asia-link e estudar na Universidade Nacional do Laos. Estou igualmente grato a todos os professores das quatro universidades membros, nomeadamente a Universidade Nacional do Laos, a SIIT Tailândia, a Universidade de Siegen, Alemanha, e a Universidade de Cracóvia, Polónia. Os meus agradecimentos vão também para os coordenadores do projeto Asia-link - Prof. Sengprasong Phrakonekham, Jan Puetz e Julia Ko, que me ajudaram a resolver qualquer problema que tenha ocorrido durante os estudos.

Agradeço à União Europeia que concedeu uma bolsa de estudo aos estudantes do Laos ou a mim durante os últimos dois anos. Agradeço também ao Superintendente do Ambiente (Sr. Gregor Wallace) e às equipas do Ambiente (Toulor, Vongher e Heuvang) que disponibilizaram um orçamento parcial para a investigação, dados e instalações durante o estágio e que cooperaram gentilmente com o apoio informativo durante todo o período de investigação. Aproveito também esta oportunidade para agradecer aos meus colegas estudantes pela sua amável ajuda e amizade.

Por último, quero agradecer à minha família pelo seu amor e apoio. Em especial, sem o encorajamento e o apoio constantes da minha mulher e da minha sogra Soxiong, não teria conseguido concluir o nível de mestrado.

Kongher HERJALEARN

4 de dezembro de 2008

Resumo

A Phu Kham Mining (PKM) é uma das duas maiores indústrias mineiras do Laos. A exploração foi iniciada em 1994, a fábrica de ouro começou em meados de 2005 e a fábrica de cobre-ouro começou em 2007. O objetivo do estudo é avaliar a qualidade das águas superficiais e determinar as práticas de gestão da água existentes na PKM com base no atual sistema de gestão ambiental. O estudo concluiu que os principais problemas ambientais são os sedimentos, a erosão e o impacto de alguns metais pesados na qualidade das águas superficiais. As medições no terreno mostram que, por vezes, a turvação permanece mais de uma semana a um nível elevado, aproximadamente 300 a 500 NTU. Relativamente aos parâmetros químicos, quase todos cumprem a norma, apenas uma amostra colhida em meados de maio de 2008 na fábrica de ouro a jusante (SW2) e analisada pela ALS Hong Kong apresentou um resultado de concentração de cobre na água de 734 pg/L ou 0,734 mg/L, ver mais pormenores no anexo B2 (norma limitada = 0,5mg/L). De acordo com os resultados do estudo, recomenda-se vivamente que o gestor de topo e o gestor ambiental tenham em conta a autorização de limpeza do terreno, a gestão do solo superficial e as práticas de controlo da erosão e dos sedimentos, uma vez que a turbidez é muito diferente a montante e a jusante. Além disso, será necessário um estudo de investigação mais aprofundado para especificar a descarga de água na fábrica de ouro de Phu Bia, a fim de encontrar as fontes de cobre e garantir que a descarga não ultrapasse sempre a norma. No entanto, os resultados também mostram que a eficácia das práticas de gestão da água (revegetação, dispositivos de controlo da erosão, programa de monitorização da água, etc.) pode melhorar a qualidade das águas superficiais e reduzir os sedimentos no rio. Do mesmo modo, os resultados provam que todos os parâmetros selecionados cumprem as normas e orientações. Por conseguinte, pode ser um bom exemplo para outros projectos de desenvolvimento que necessitem de se aperfeiçoar para se aproximarem da certificação da norma ambiental.

Capítulo 1
Introdução

A sustentabilidade ambiental é uma questão mundial. A proteção do ambiente tornou-se cada vez mais importante, tanto a nível nacional como internacional. Por conseguinte, esta questão é um dos oito Objectivos de Desenvolvimento do Milénio (ODM) estabelecidos pelas cimeiras mundiais da década de 1990. Foi adotado por 189 nações e assinado por 147 Estados e governos durante a Cimeira do Milénio da ONU, em setembro de 2000. O Governo do Laos também estabeleceu os seus objectivos em paralelo com os ODM. Um dos principais papéis do governo é estabelecer leis, regulamentos e normas nacionais em matéria de ambiente e garantir que as organizações públicas e privadas as cumpram. Uma medida que garantirá a eficácia da implementação é o aumento das parcerias entre a indústria, o governo e a comunidade para a proteção do nosso ambiente para a geração presente e futura.

No passado, o ambiente não era considerado uma questão importante no Laos. A gestão ambiental é relativamente recente para a nação do Laos. Atualmente, o número de pessoas que sabem tratar adequadamente as questões ambientais é limitado, enquanto as indústrias estão a aumentar gradualmente no Laos ao longo do último século.

Esta investigação estudou as práticas de gestão ambiental na indústria mineira, centrando-se nas práticas de gestão da água, com o objetivo de identificar as melhores práticas de gestão da água. A empresa Phu Kham Copper - Gold Mining foi utilizada como estudo de caso. O objetivo da investigação é avaliar as práticas de gestão ambiental, especialmente os programas de controlo dos sedimentos e da erosão, que ajudarão a melhorar a qualidade da água e a reduzir a perda de solo superficial e subsolo nas áreas do projeto.

1.1 Antecedentes

Após a revolução de 1975, a redução e a erradicação da pobreza constituem a primeira prioridade do Governo do Laos. Para atingir estes objectivos, o governo tem de manter as infra-estruturas, proceder à reinstalação e melhorar as condições de vida da população com base na agricultura. No entanto, uma economia baseada na agricultura não seria capaz de satisfazer todas as necessidades de desenvolvimento do país. Por conseguinte, as indústrias e os serviços tornaram-se cada vez mais importantes, como se pode ver pelo número crescente de grandes indústrias. O número de indústrias de grande dimensão

As indústrias mineiras aumentaram de 89 lugares em 1995 para 207 lugares em 2004 (NSC- 2006). O rápido aumento do número de indústrias indica que a proteção ambiental é realmente necessária, em especial no sector mineiro, que é uma das indústrias mais importantes da RDP do Laos.

De acordo com os dados do Centro Nacional de Estatística (CNE), a indústria mineira é muito importante para o desenvolvimento económico da RDP do Laos. (Figura 1) e (figura 2) mostram o aumento gradual do PIB para o desenvolvimento económico nacional do Laos e a distribuição do PIB pelos diferentes sectores da economia. No início, a maior parte do desenvolvimento económico baseava-se na agricultura. Durante esse período, apenas um número reduzido de serviços e de indústrias foi criado. Após o ano 2000, a RDP do Laos abriu o seu país ao turismo e ao investimento. Muitas das indústrias mineiras começaram a crescer dramaticamente. A exploração mineira em grande escala também aparece, como a Sepon Mining na província de Savanakhet e a Phu Kham Copper-Gold Mining nas províncias de Vientiane. Além disso, existem outras minas de pequena escala abertas em todo o país.

A contribuição da indústria mineira para o PIB nacional também aumentou de 895,9 milhões de kip (104 404,78 dólares americanos) em 1990 para 1 878 247,7 milhões de kip (218 883 850 dólares americanos) em 2006 (taxa de câmbio 1 dólar americano = 8500 kip). As estatísticas mostram-nos que é realmente importante realizar não só o desenvolvimento económico mas também a proteção do ambiente da nação. Por conseguinte, o Governo de Líbano promulgou a primeira lei de proteção do ambiente em 26 de abril de 1999 (Anexo 1). É uma boa oportunidade para utilizar estas leis para investigar e monitorizar os programas de gestão ambiental na RDP do Laos. Para além deste primeiro regulamento, existem também várias medidas legislativas, tais como decretos, regulamentos e diretrizes, destinadas a fornecer orientações aos parceiros e organizações que pretendam implementar as suas próprias actividades na RDP do Laos.

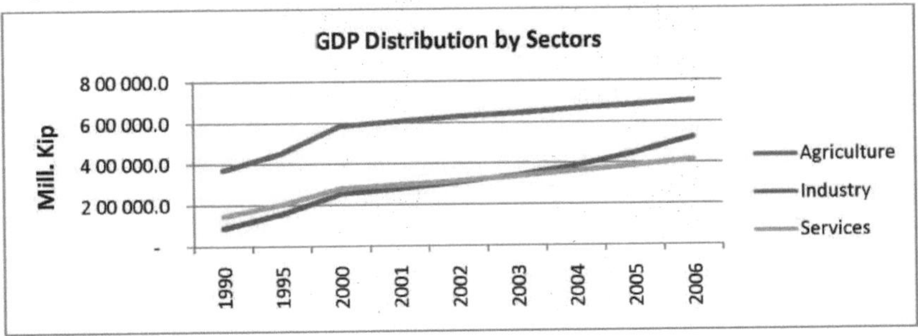

Figura 1 PIB por diferentes sectores

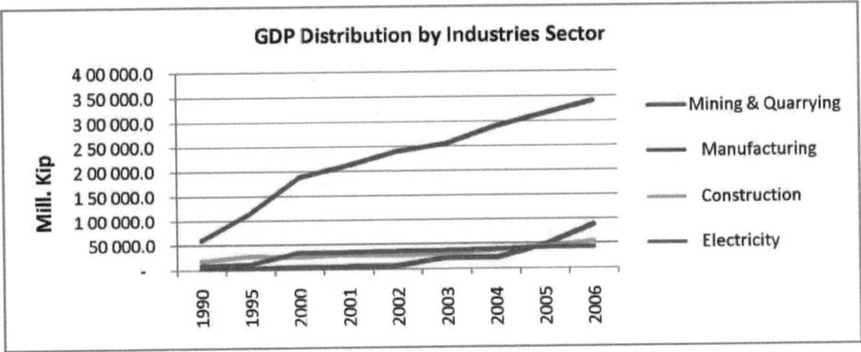

Figura 2 Distribuição do PIB por sector industrial

Fonte: Dados do Centro Nacional de Estatística do Laos (NSC-2006)

O estudo de caso desta investigação, a Phu Bia Mining Limited (PBM), exerce a sua atividade mineira nas províncias de Xieng Khaoung e Vientiane. A PBM aceitou que a Earth System Lao (ESL), uma empresa de consultoria ambiental, efectuasse a Avaliação do Impacto Ambiental e Social (AIAS) do projeto Phu Kham Copper-gold em 2005. O projeto Phu Kham está localizado na província de Vientiane, a cerca de 100 quilómetros da capital Vientiane. O projeto de cobre-ouro de Phu Kham é uma exploração mineira a céu aberto que prevê 12 anos de vida útil da mina com uma produção anual de 50 000 toneladas de cobre e 50 000 onças de ouro (Phu Kham ESIA - 2005).

1.2 Declaração dos problemas de investigação

No sistema de extração a céu aberto, é necessário abrir uma grande superfície e perturbar a área onde o minério se encontra. As condições geográficas, o clima, a intensidade da precipitação, os dados de infiltração e evaporação das áreas são parâmetros muito importantes para planear a gestão e a monitorização ambientais.

O projeto de cobre-ouro de Phu Kham é caracterizado por um terreno montanhoso, abundante em florestas e reservas de água doce. A topografia é constituída por colinas de declive acentuado, com uma altitude entre 700 e 1 200 metros acima do nível do mar, com elevada intensidade de precipitação, aproximadamente 2 400 mm por ano (Phu Kham ESIA-2005).

O projeto está localizado nas terras altas do norte da RDP do Laos. O projeto de cobre-ouro de Phu Kham altera cerca de 550 hectares de paisagem (Rutherfurd, 2005) com a mina a céu aberto, as lixeiras, a fábrica de processamento, os campos de alojamento e as estradas internas, que podem estar na origem da erosão e do transporte de sedimentos para os rios próximos.

Os principais impactos da exploração mineira ocorrem durante a estação das chuvas, quando a erosão e os sedimentos em suspensão arrastados pelo escoamento superficial provocam uma elevada turbidez no rio Nam Mo, tornando a água inutilizável durante a estação das chuvas. Além disso, existe também um elevado risco de contaminação da água por metais pesados e drenagem ácida de minas (DAM). Durante a escavação, grandes áreas de solo e subsolo são expostas às forças da erosão. Consequentemente, o projeto libertou uma grande quantidade de sedimentos nos rios durante a estação das chuvas. A erosão é o desprendimento de partículas do solo pela chuva, água corrente, vento e transporte dessas partículas erodidas pelo escoamento superficial. O sedimento é a deposição dessas partículas erodidas num ponto inferior do leito ou a jusante, enquanto a velocidade e a capacidade de transporte diminuem. O movimento das partículas do solo nestes processos pode também transportar outros contaminantes químicos inesperados para as massas de água naturais. A proteção contra a erosão do solo, portanto, para reduzir as cargas sedimentares, pode ser feita de várias maneiras. O desenvolvimento de um relevo adequado, as práticas vegetativas, as práticas estruturais e outros dispositivos podem ser utilizados para proteger o terreno do escoamento superficial ou impedir o movimento das partículas do solo.

1.3 Justificação do estudo

Uma vez que a RDP do Laos é um dos países da região do Sudeste Asiático que possui recursos naturais abundantes, é um bom sinal que o Governo do Laos tenha compreendido a importância da proteção do ambiente, especialmente dos recursos hídricos, da terra e das florestas. A RDP do Laos é o país mais bem classificado em termos de recursos hídricos disponíveis nos países membros da Associação das Nações do Sudeste Asiático (ASEAN). Estima-se que os recursos hídricos renováveis no Laos atinjam 190,4 quilómetros cúbicos por ano ou cerca de 35 049 metros cúbicos por pessoa por ano (JOHANNESBURG-2002, pág. 31).

Em conformidade com a afirmação anterior, a RDP do Laos adoptará uma abordagem de precaução em relação aos problemas ambientais. Ao mesmo tempo, a globalização facilita a aprendizagem com a experiência de outros países. No passado, a RDP do Laos não utilizou a prática de gestão ambiental em grande escala e, na maior parte das vezes, trata sobretudo de medidas de atenuação após o surgimento do problema ambiental.

Nos últimos anos, as indústrias e outros projectos de desenvolvimento em grande escala desenvolveram-se rapidamente no Laos. Este facto obriga o Governo do Laos a aumentar o seu apoio em termos de sistema de gestão ambiental. Atualmente, a questão da proteção do ambiente tornou-se uma prioridade para o Governo do Laos. O governo e a sociedade civil começaram a mostrar uma preocupação crescente com a gestão ambiental em vários domínios.

Em geral, cada país tem o seu próprio conjunto de normas de gestão e controlo dos seus recursos ambientais. Embora a RDP do Laos disponha de uma lei de proteção do ambiente e de uma lei mineira, ambas as regulamentações não especificam o conjunto completo de normas de qualidade da água na indústria mineira. Por conseguinte, tornou-se um problema difícil para a RDP do Laos estudar e resolver imediatamente a questão.

1.4 Questão de investigação

Esta investigação visa responder às seguintes questões e fornece a orientação para as melhores práticas de gestão da água, esperando que seja útil para a prática tanto na área do projeto como noutros projectos de desenvolvimento no Laos.

As questões de investigação são as seguintes:

1) Quais são as práticas de gestão da água existentes nas operações da Phu Kham CopperGold?
2) Quais são as lacunas nas actividades de gestão ambiental e como evitar o impacto na qualidade da água no local da mina e no ambiente circundante?
3) A qualidade da água à volta da mina de Phu Kham cumpre as normas e diretrizes disponíveis?

1.5 Objectivos da investigação

O objetivo geral da investigação é apresentar a relação entre a qualidade das águas superficiais e o programa de controlo dos sedimentos e da erosão nas operações de cobre-ouro de Phu Kham. Para alcançar a melhor prática de gestão da água, os seguintes objectivos têm de ser cumpridos:

1) Avaliar a qualidade da água ambiente em torno da mina de cobre-ouro de Phu Kham em termos de parâmetros físicos e químicos.

2) Identificar e determinar as práticas de gestão da água e a sua eficácia para a mina de cobre e ouro de Phu Kham, comparando a qualidade da água com as normas e diretrizes disponíveis
3) Desenvolver recomendações de práticas de gestão da água para o desenvolvimento atual e estudos de investigação futuros

1.6 Âmbitos e limitações

O estudo foi efectuado com base na qualidade da água ambiente e nas práticas de gestão da água da mina, particularmente nas práticas vegetativas e nas práticas estruturais. Além disso, o escoamento do desvio e outras actividades relacionadas com a qualidade da água também serão tidos em conta. Foram recolhidos dados primários e secundários de 2005 a 2008 para análise e discussão.

Os âmbitos de estudo são:

1) O estudo centra-se na qualidade da água ambiente em torno das áreas do projeto, que são o rio Nam Mo, o rio Nam San e o rio Nam Gnone.
2) Revisão dos dados preliminares e seleção dos pontos de amostragem, tendo sido selecionados um total de 6 pontos. Os seis pontos abrangem tanto a montante como a jusante, a fim de observar as diferenças entre as zonas perturbadas e não perturbadas. Os pontos de amostragem foram identificados como WS1, WS2, SW4, SW5, SW7 e SW19.
3) Avaliação da qualidade da água nos pontos de amostragem, utilizando parâmetros físicos e químicos.
   a. Os parâmetros físicos analisados foram a Turbidez, o pH, a Condutividade Eléctrica (Ec), o Potencial de Redução da Oxidação (ORP) e a Temperatura.
   b. Os parâmetros químicos analisados foram o cobre (Cu), o chumbo (Pb), o ouro (Au), o mercúrio (Hg), o nitrito + nitrato (NO_3-N/NO_2-N), o azoto total de Kjeldahl (N) e o fósforo (P).
4) Identificação das práticas de gestão da água na mina de Phu Kham
5) Avaliação da eficácia das práticas de gestão da água, comparando a qualidade da água dos pontos de amostragem selecionados com as normas disponíveis
6) Elaborar recomendações para o projeto atual e para estudos futuros

Capítulo 2
Revisão da literatura

Este capítulo apresenta uma revisão da literatura relevante que fornece o contexto para o estudo proposto. Procura discutir os métodos e a literatura disponíveis relacionados com o sistema de gestão da água nas minas, bem como as melhores práticas de gestão ambiental nas indústrias mineiras de outros países com experiência no sector mineiro.

2.1 Normas e regulamentos ambientais

2.1.1 ISO 14001

A ISO 14001 é a Norma de Gestão Ambiental ou as normas internacionais sobre boas práticas ambientais adoptadas pela Organização Internacional de Normalização (ISO), uma federação mundial de organismos nacionais de normalização. Especifica um quadro de controlo para um Sistema de Gestão Ambiental que uma organização pode ser certificada por uma terceira parte.

A norma ISO 14001 foi publicada pela primeira vez em 1996, actualizada em 2004, e especifica os requisitos reais para um sistema de gestão ambiental. Aplica-se aos aspectos ambientais que a organização controla e sobre os quais se pode esperar que tenha influência. (www.praxiom.com visitado em 15/10/2008)

A ISO 14001 é frequentemente vista como a norma fundamental da série ISO 14000. No entanto, não só é a mais conhecida, como é a única norma ISO 14001 em relação à qual é atualmente possível ser certificada por uma autoridade de certificação externa. Dito isto, ela própria não estabelece critérios específicos de desempenho ambiental.

Esta norma é aplicável a qualquer organização que pretenda:

- aplicar, manter e melhorar um sistema de gestão ambiental
- garantir a sua conformidade com a sua própria política ambiental declarada (esses compromissos políticos devem, obviamente, ser assumidos)
- demonstrar a conformidade
- garantir o cumprimento das leis e regulamentos ambientais
- procurar obter a certificação do seu sistema de gestão ambiental por uma organização externa de terceiros
- fazer uma auto-determinação de conformidade

A ISO 14001 foi especificada como um conjunto de requisitos de gestão ambiental para sistemas de gestão ambiental. O objetivo desta norma é ajudar todos os tipos de organizações a proteger o ambiente, a prevenir a poluição e a melhorar o seu desempenho ambiental, passo a passo. O Dr. Raymond Martin formulou um sistema piramidal para organizar a norma EMS ISO 14001, secção 4, de modo a mostrar os componentes do EMS na ISO 14001 (Figura 3), com algumas informações básicas relacionadas com as normas, incluindo alguns artigos das normas EMS.

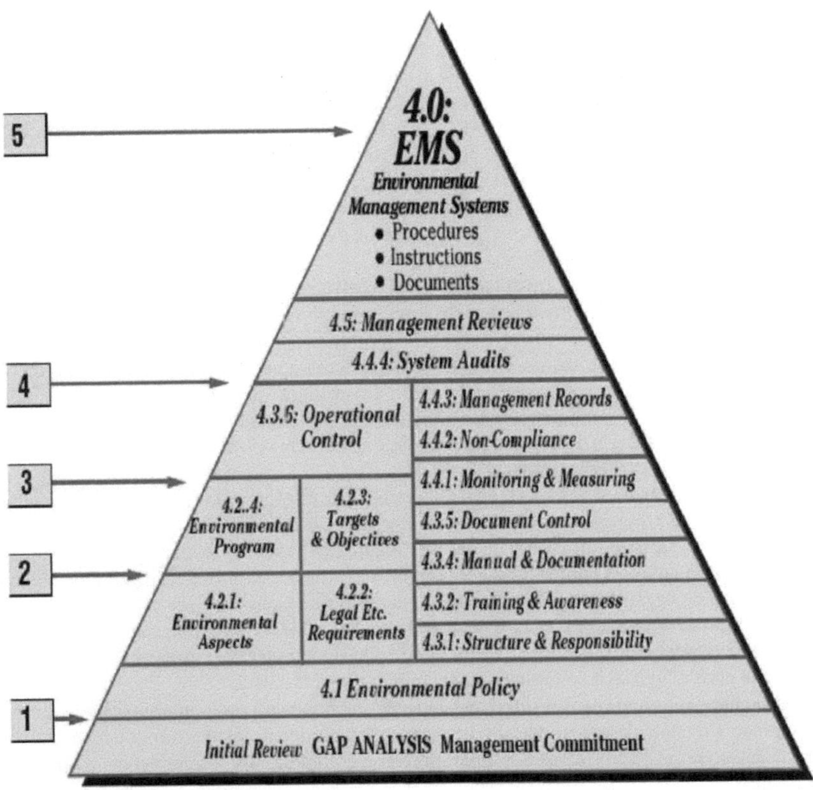

Figura 3: Pirâmide do SGA da norma ISO 14001
(Fonte: Martin 1998)

De acordo com (Martin 1998), a pirâmide do SGA da norma ISO 14001 começa com uma **análise inicial ou análise de lacunas**. Trata-se de um conceito fundamental da norma SGA para continuar a melhorar o desempenho ambiental. Continuar um passo com a **política ambiental**, que deve ser mandatada pela gestão de topo e verificada por esta durante a análise pela gestão, é o primeiro requisito da norma.

Aspeto ambiental, a organização deve estabelecer e manter um procedimento para identificar os aspectos ambientais das suas actividades, produtos ou serviços que pode controlar e sobre os quais se pode esperar que tenha influência, de modo a determinar aqueles que têm ou podem ter impactes significativos no ambiente. A organização deve assegurar que os aspectos relacionados com estes impactes significativos são considerados na definição dos seus objectivos ambientais. A organização deve manter esta informação actualizada.

Requisitos legais e outros requisitos A organização deve estabelecer e manter um procedimento para identificar e ter acesso aos requisitos legais e outros requisitos que a organização subscreve e que são aplicáveis aos aspectos ambientais das suas actividades, produtos ou serviços.

As **metas e os objectivos** são também muito importantes para uma organização, os documentos, os objectivos ambientais e as metas, em cada função e nível relevante dentro da organização, devem ser estabelecidos.

O programa de gestão ambiental é uma forma de manter programas e procedimentos para a realização de auditorias periódicas aos sistemas de gestão ambiental. Isto é para determinar se o sistema de gestão ambiental está ou não em conformidade com as disposições planeadas para a gestão ambiental, incluindo os requisitos desta Norma Internacional, e se foi devidamente implementado e mantido. Caso contrário, fornecer informações sobre os resultados das auditorias à direção.

A estrutura e a responsabilidade são uma forma de definir as funções, as responsabilidades e as autoridades, incluindo a documentação e a comunicação, a fim de facilitar uma gestão ambiental eficaz.

A formação e a sensibilização devem ser asseguradas a todo o pessoal cujo trabalho possa ter um impacto significativo no ambiente e que tenha recebido formação adequada.

Manual e documento é a documentação do sistema de gestão ambiental. Deve estabelecer as metas e os objectivos a atingir, designando a responsabilidade pela sua realização a cada nível da organização ou o meio e o prazo para a sua realização.

Controlo de documentos para descrever os elementos centrais do sistema de gestão e a sua interação e fornecer orientações para a documentação relacionada com a organização.

Controlo das operações para identificar todas as actividades operacionais associadas aos aspectos ambientais significativos identificados, em conformidade com a sua política, objectivos e metas. A organização deve planear estas actividades de modo a assegurar que são realizadas em condições especificadas, estabelecendo e mantendo procedimentos documentados para cobrir situações em que a sua ausência possa conduzir a desvios da política ambiental e dos objectivos e metas, e estipulando critérios de operação nos procedimentos.

Monitorização e medição da A organização deve estabelecer e manter procedimentos documentados para monitorizar e medir, numa base regular, as caraterísticas-chave das suas operações e actividades que possam ter um impacto significativo no ambiente. Isto deve incluir o registo de informação para acompanhar o desempenho, os controlos operacionais relevantes e a conformidade com os objectivos e metas ambientais da organização. O equipamento de monitorização deve ser calibrado e mantido e os registos deste processo devem ser conservados de acordo com os procedimentos da organização. A organização deve estabelecer e manter um procedimento documentado para avaliar periodicamente a conformidade com a legislação e regulamentos ambientais relevantes.

Não reclamação: A organização deve estabelecer e manter procedimentos para definir a responsabilidade e a autoridade para tratar e investigar a não-conformidade, tomar acções corretivas para mitigar quaisquer impactos causados e para iniciar e completar acções corretivas e preventivas.

Registo de gestão: a organização deve estabelecer e manter procedimentos para a identificação, manutenção e eliminação de registos ambientais. Estes registos devem incluir registos de formação e os resultados de auditorias e análises.

Auditoria do sistema: A organização deve estabelecer e manter programas e procedimentos para a realização de auditorias periódicas aos sistemas de gestão ambiental, a fim de i) determinar se o sistema de gestão ambiental está ou não em conformidade com as disposições planeadas para a gestão ambiental, incluindo os requisitos desta Norma Internacional, e se foi adequadamente implementado e mantido; ii) fornecer informações sobre os resultados das auditorias à gestão. O programa de auditoria da organização, incluindo qualquer calendário, deve basear-se na importância ambiental da atividade em causa e nos resultados de auditorias anteriores. Para serem exaustivos, os procedimentos de auditoria devem abranger o âmbito, a frequência e as metodologias de auditoria, bem como as responsabilidades e os requisitos para a realização de auditorias e a comunicação dos resultados.

Revisão pela direção: A direção da organização deve, com a periodicidade que determinar, rever o sistema de gestão ambiental, para assegurar a sua permanente adequação, suficiência e eficácia. O processo de análise pela direção deve assegurar que a informação necessária é recolhida para permitir que a direção efectue esta avaliação. Esta análise deve ser documentada. A análise pela direção deve abordar a eventual necessidade de alterar a política, os objectivos e outros elementos do sistema de gestão ambiental, à luz dos resultados das auditorias ao sistema de gestão ambiental, da alteração das circunstâncias e do compromisso de melhoria contínua."

2.1.2 Sistemas de legislação na RDP do Laos

2.1.2.1 Antecedentes das normas relativas à água

O Governo da RDP do Laos não emitiu uma norma específica para a qualidade da água das minas ou para a qualidade da água no sector mineiro. No entanto, os documentos seguintes são relevantes para a norma que pode ser utilizada na medição da qualidade da água no Laos. Não se trata apenas de questões relacionadas com a exploração mineira, mas a organização ou as empresas que pretendam executar um projeto de desenvolvimento no Laos devem também consultar as normas de países internacionais ou vizinhos, quando os documentos não estiverem disponíveis no Laos.

De acordo com a (WEPA-2008), as políticas e medidas do Laos no domínio da água são as seguintes
- Em 14 de outubro de 2003, o Ministério da Saúde Pública (MOH) emitiu o Decreto n.º 953/MOH relativo às **normas de qualidade da água potável** na RDP do Laos e às normas de controlo dos recursos hídricos.
- Em 3 de novembro de 1994, o Ministério da Indústria e do Artesanato emitiu o Regulamento de **Descarga de Resíduos Industriais** n.º 180/MIH. O artigo 4.º deste regulamento descreve as normas de concentração para alguns tipos de indústrias, tais como as fábricas de açúcar, as indústrias têxteis e de vestuário, as fábricas de pasta de papel, as fábricas de papel, os matadouros e outras normas de efluentes (normas gerais de efluentes, normas específicas de efluentes, fábricas de galvanoplastia e de baterias).
- Em 1 de janeiro de 2001, o Centro Nacional de Saúde Ambiental e Abastecimento de Água do Ministério da Saúde Pública (MOH) publicou o **Guia de Conhecimentos Básicos sobre a Qualidade da Água.** O guia descreve i) o método de promoção do controlo da qualidade da água potável, ii) os passos significativos para o controlo da qualidade da água, iii) a utilização da fonte natural de água, iv) a fonte natural de água e os seus componentes, v) as caraterísticas do material, vi) a origem das águas residuais da indústria e da agricultura, vii). Método para melhorar a qualidade da água, viii) Método de amostragem de água de nascente, e ix) Normas de qualidade da água para consumo humano.
- Em 29 de maio de 1998, a Agência para a Ciência, Tecnologia e Ambiente (STEA) publicou o Regulamento relativo à monitorização e controlo das **descargas de águas residuais** n.º 1122/STENO.

2.1.2.2 As agências governamentais relacionadas com o ambiente aquático

Muitos sectores, ministérios e agências governamentais estão a trabalhar no domínio do ambiente aquático; um terço dos ministérios tem a sua própria divisão/departamento a trabalhar na proteção do ambiente. No governo da RDP do Laos, 174 funcionários estão envolvidos na administração ambiental na Agência de Ciência, Tecnologia e Ambiente em 2005, 58 funcionários no Departamento do Ambiente no Instituto de Investigação Ambiental. No governo local, 170 funcionários estão afectados à administração ambiental no gabinete provincial da Ciência, Tecnologia e Ambiente em 2005 (WEPA-2008).

A regulamentação desenvolvida pelo Comité de Coordenação dos Recursos Hídricos (WRCC), tal como a Lei da Água e dos Recursos Hídricos, exige a medição da quantidade de água. Além disso, as leis, regulamentos e diretrizes relevantes são desenvolvidos a nível nacional para os ministérios e autoridades locais.

O gráfico do sistema abaixo mostra o envolvimento do governo no ambiente aquático.

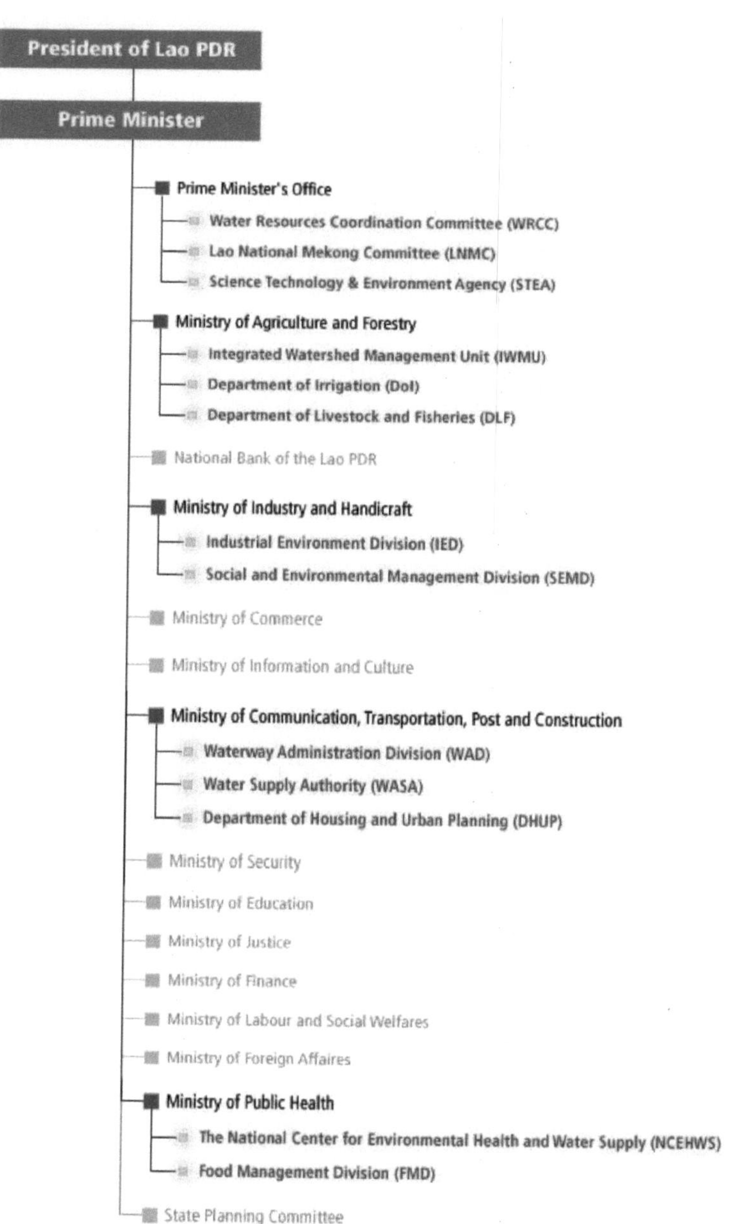

Figura 4 Organigrama de toda a administração central e das agências que intervêm no ambiente aquático.
Fonte: Parceria para o Ambiente Hídrico na Ásia (WEPA) 2008

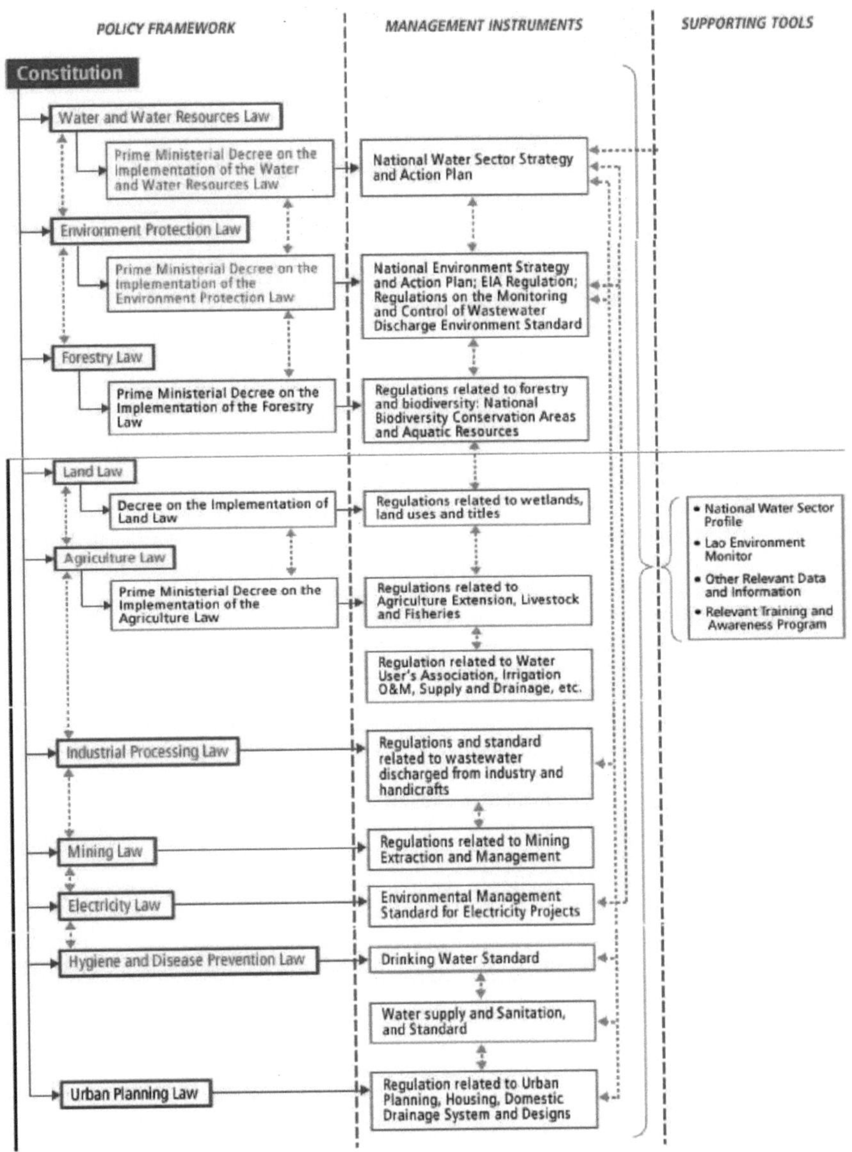

Figura 5 Organigrama da legislação e regulamentação em matéria de água e ambiente
Fonte: Parceria para o Ambiente Hídrico na Ásia (WEPA) 2008

O estudo analisará brevemente a lei relativa à água e aos recursos hídricos, a lei relativa à proteção do ambiente e a lei relativa à exploração mineira. Para mais informações sobre outras leis conexas, consultar a página Web da Assembleia Nacional da RDP do Laos ou o seu sítio Web: www.na.gov.la

2.1.2.3.1 Direito da água e dos recursos hídricos

A lei relativa à água e aos recursos hídricos é composta por 10 capítulos e 49 artigos (NA- 1996). A sua função é determinar os princípios, as regras e as medidas necessárias relativas à administração, à exploração, à utilização e ao desenvolvimento da água e dos recursos hídricos na RDP do Laos, a fim de preservar a sustentabilidade da água e dos recursos hídricos e de assegurar o volume e a qualidade que satisfaçam as necessidades de vida da população, promover a agricultura, a silvicultura e a indústria, desenvolver a economia social nacional e assegurar que não sejam causados danos ao ambiente.

2.1.2.3.2 Direito da proteção do ambiente

A Lei de Proteção do Ambiente é composta por 9 capítulos e 51 artigos (NA- 1999). A Lei de Proteção do Ambiente especifica os princípios, as regras e as medidas necessárias para gerir, monitorizar, restaurar e proteger o ambiente, a fim de proteger o público, os recursos naturais e a biodiversidade e assegurar o desenvolvimento socioeconómico sustentável da nação.

2.1.2.3.3 Decreto sobre a aplicação da lei relativa à proteção do ambiente

O diploma sobre a aplicação da lei de proteção do ambiente é composto por 8 capítulos e 26 artigos (NA-2001). Este decreto visa a aplicação da lei de proteção do ambiente, definindo regras gerais e dando orientações aos organismos competentes para que emitam regulamentos pormenorizados sobre a proteção, a prevenção da degradação e a reabilitação do ambiente, incluindo a avaliação do impacto ambiental, o controlo da poluição e das catástrofes e a atenuação do impacto ambiental, com o objetivo de alcançar os objectivos estabelecidos no plano nacional de desenvolvimento socioeconómico e a aplicação uniforme da lei.

2.1.2.3.4 Direito mineiro

A Lei de Minas é composta por 9 capítulos e 63 artigos (NA-1997). A Lei de Minas tem como objetivo definir o sistema de gestão, preservação, prospeção, exploração e processamento de minerais para consumo local e exportação, com a utilização das potencialidades dos recursos naturais no processo industrial e a melhoria da qualidade de vida da população.

2.2 Exemplo de prática de gestão da água de minas na Austrália

O Environment Australia 1999 descreveu as melhores práticas para a gestão da água nas minas na Austrália. Este livro faz parte de uma série de brochuras publicadas pela Environment Australia que descrevem as melhores práticas de gestão ambiental no sector mineiro. O autor menciona que estas abordagens podem ser aplicadas noutros países, tendo em conta factores como a topografia, a geologia, o clima e a legislação nacional relevante.

O pré-requisito fundamental para as melhores práticas de gestão da água é o reconhecimento da necessidade de desenvolver e implementar um plano de gestão da água da mina abrangente e coordenado. O plano de gestão da água da mina deve abordar os impactos, tais como os impactos associados à exposição ao risco dos processos hidrológicos para as actividades mineiras, os efeitos da redução da produtividade e da rentabilidade, dos alimentos ou das secas nas operações mineiras.

2.2.1 Ciclo Hidrológico

Apresenta uma breve panorâmica do ciclo hidrológico e dos seus processos constituintes. O seu objetivo é apresentar ao pessoal das minas os vários processos e a sua relevância para a gestão da água nas minas.

O ciclo hidrológico publicado pela Environment Australia em 1999 incluía doze etapas a serem abordadas nas Melhores Práticas de Gestão da Água em Minas da Austrália. Cada passo deve ser considerado durante o planeamento do plano de gestão da água numa mina.

2.2.1.1 Processo hidrológico

O processo hidrológico é o intercâmbio de toda a água, em todas as suas formas físicas, entre a atmosfera, as superfícies e o manto da Terra. O diagrama abaixo mostra um exemplo do processo hidrológico num local hipotético de uma mina e a magnitude dos processos hidrológicos básicos para uma área de captação natural na mina de ouro de Timbarra, Austrália.

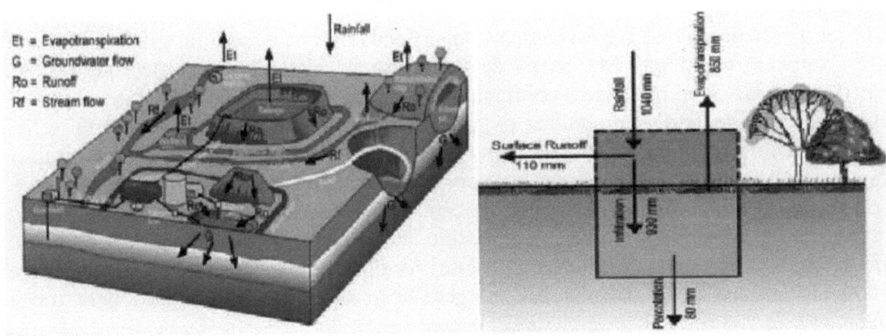

Figura 6: Processo hidrológico

1.1.1.2 Precipitação

A precipitação inclui a chuva, a neve e o granizo. Na Austrália, referem que a precipitação é a forma mais significativa de precipitação que afecta a gestão das águas das minas. Na RDP do Laos, a precipitação ou chuva é quase idêntica à da Austrália, mas a estação do ano e a precipitação anual ou outras serão provavelmente diferentes

1.1.1.3 Infiltração

A infiltração é o processo pelo qual uma parte da precipitação que atinge a superfície terrestre se move através da superfície do solo e para o seu perfil. Os principais factores que influenciam este processo são a condutividade hidráulica saturada do solo, o seu teor de humidade inicial quando a tempestade começa, o "estado" da superfície do solo e a intensidade, duração e padrão temporal da própria precipitação.

1.1.1.4 Escoamento

O escoamento superficial é uma das principais causas da perda de solo por erosão. Quanto mais profundo e rápido for o escoamento superficial, maior será a sua capacidade de deslocar e transportar partículas de sedimentos. As principais influências sobre a profundidade e a velocidade do escoamento superficial incluem a intensidade da precipitação, o declive da superfície, o comprimento do declive e as propriedades de fricção ou de resistência ao fluxo da superfície. Um bom coberto vegetal retarda o escoamento superficial e fixa a massa de solo à superfície. Um declive desnudado oferece pouca resistência ao escoamento superficial erosivo.

1.1.1.5 Evapotranspiração

A evapotranspiração é o processo pelo qual as plantas extraem água líquida do perfil do solo e a respiram como vapor de água através das suas folhas para a atmosfera. A capacidade das plantas para extrair ou "sugar" água do solo depende do tipo de solo e, em certa medida, do tipo de planta. Este facto deve ser tido em conta durante o planeamento das práticas de gestão da água das minas.

1.1.1.6 Evaporação

A evaporação ou "evaporação em águas abertas" é a passagem de água da superfície de uma massa de água para a atmosfera sob a forma de vapor de água. Os mesmos factores climáticos que afectam a evapotranspiração determinam as taxas de evaporação. A evaporação é importante para a gestão da água nas minas, porque:

- representa uma perda de abastecimento de água dos reservatórios de superfície; e
- a evaporação pode ser adoptada como medida de gestão para reduzir os volumes de água excedentários (através de tanques de evaporação).

1.1.1.7 Percolação

A percolação é o movimento vertical da água através de uma massa de solo saturada ou quase saturada. Ao contrário da infiltração, durante a qual a água entra na superfície do solo e na massa de solo, a percolação é a água que já se encontra na massa de solo e que se move verticalmente para baixo, sob ação da gravidade, para recarregar os aquíferos subterrâneos.

A percolação pode ser uma fonte significativa de reabastecimento de água subterrânea. A limpeza da vegetação das minas e a decapagem das áreas antes da extração mineira reduzem a infiltração, o que, por sua vez, reduz a percolação. Isto pode afetar negativamente os lençóis freáticos.

1.1.1.8 Caudal da corrente

À medida que a gravidade conduz o escoamento superficial por uma bacia hidrográfica, este acumula-se progressivamente numa série de canais de drenagem de maiores dimensões que acabam por conduzir (rio pequeno) o escoamento a um riacho, onde se transforma em "caudal de corrente".

As actividades mineiras podem prejudicar os caudais dos cursos de água. Como já foi referido, a diminuição da infiltração em áreas (por exemplo) desvegetadas, compactadas ou impermeabilizadas aumentará os caudais dos cursos de água. Os reservatórios de águas superficiais construídos ao longo de um riacho reduzirão e alterarão o regime de caudais a jusante. Pode ser necessário desviar um riacho em torno de minas para um riacho adjacente, aumentando as descargas no riacho recetor e alterando novamente o regime de caudais a jusante. As alterações do regime de caudais alterarão o comportamento da erosão do leito e das margens e a capacidade do ribeiro para transportar sedimentos.

O fluxo dos cursos de água pode afetar negativamente as operações mineiras. As infra-estruturas das minas são frequentemente construídas em planícies aluviais, onde estão expostas ao risco de inundação e ao perigo de inundação. A escassez de caudal que alimenta os reservatórios de abastecimento de água pode conduzir a uma escassez de água.

1.1.1.9 Fluxo de água subterrânea

Uma vez que a água se tenha infiltrado ou percolado num sistema de águas subterrâneas, o seu movimento é largamente determinado pela carga hidráulica (nível freático) da massa de água subterrânea e pelas caraterísticas do aquífero.

- A água subterrânea move-se ou flui de áreas de elevada carga hidráulica para áreas de baixa carga hidráulica sob a influência da gravidade e da pressão externa. A força de atração molecular também influencia o fluxo de água subterrânea, fazendo com que a água adira a superfícies sólidas e resista ao movimento.
- As caraterísticas importantes do aquífero que influenciam o fluxo das águas subterrâneas incluem a natureza do aquífero (confinado ou não confinado), as suas caraterísticas hidráulicas (principalmente a condutividade hidráulica) e a presença de quaisquer barreiras impermeáveis às águas subterrâneas.

1.1.1.10 Variação sazonal

A variação sazonal da precipitação pode afetar significativamente a gestão da água da mina. Por exemplo, a "água suja" pode ter de ser armazenada antes da estação das chuvas para minimizar o risco de ter de libertar água contaminada. Alternativamente, dado o risco de inundação ou ambiental, pode ser necessário restringir a exploração mineira ou outras actividades durante a estação das chuvas.

1.1.1.11 Variação aleatória

Os processos hidrológicos não só variam sazonalmente, mas também aleatoriamente com as flutuações meteorológicas. Consequentemente, as intensidades da precipitação variam de tempestade para tempestade, tal como a qualidade da água no escoamento superficial gerado.

1.1.1.12 Balanço hídrico

Neste caso, o volume de controlo é um volume elementar da biosfera de secção transversal unitária que se estende até à atmosfera e até ao manto do solo a uma profundidade abaixo da zona radicular (para ter em conta as perdas por percolação). Note-se que, no que diz respeito ao balanço hídrico, a infiltração é um "processo interno" que não transporta água para dentro ou para fora do volume de controlo.

2.2.2 Elementos do sistema de gestão da água da mina

O sistema de gestão da água numa mina consiste numa série de elementos físicos destinados a controlar o movimento de água limpa e suja para dentro, através e fora da mina, juntamente com uma série de elementos para controlar potenciais problemas de água na fonte, mantendo e verificando o funcionamento adequado do sistema de gestão da água. É essencial que sejam envidados todos os esforços para evitar libertações não controladas. Por definição, as descargas não controladas são eventos que ultrapassam a capacidade do sistema (ou que se devem a uma falha do sistema). Embora seja importante incluir caraterísticas de conceção que atenuem os seus efeitos, uma descarga não controlada representa quase automaticamente uma falha do sistema de gestão da água e, consequentemente, não constitui uma boa prática.

Um sistema completo de gestão da água da mina deve consistir tanto em elementos físicos como em elementos de processo, juntamente com um planeamento, uma implementação e uma monitorização rigorosos para a realização das melhores práticas de gestão da água na exploração mineira.

2.2.2.1 Elementos físicos

De um modo geral, um sistema de gestão das águas de minas é composto por muitos elementos físicos diferentes, dependendo da dimensão e das condições, mas a maior parte é constituída por elementos como barragens de rejeitos, furos, massas de água naturais, bombas, transportadores (condutas, canais), armazenamento de água, poços abertos, lagoas de evaporação, descargas controladas, descargas não controladas, descargas de água (subterrânea e superficial), bacias de sedimentos, zonas húmidas e estações de tratamento químico. Estes elementos trabalham basicamente em conjunto, no local ou fora dele, num sistema de gestão das águas da mina e os seus objectivos são

- Água de abastecimento;
- Transportar água;
- Armazenar água e resíduos de base líquida (por exemplo, rejeitos);
- Eliminar a água por evaporação ou descarga noutro local; e
- Melhorar a qualidade da água

2.2.2.2 Elementos do processo

Os elementos do processo, bem como os elementos físicos, têm de ser incluídos num sistema de gestão da água da mina para controlar os problemas na fonte e manter e verificar o funcionamento dos elementos físicos individuais e de todo o sistema. Os elementos do processo normalmente incorporados num sistema de gestão da água da mina incluem

- Um plano de controlo da erosão/sedimentos;
- Um plano de gestão para a identificação e eliminação de resíduos geoquimicamente agressivos (ácidos, alcalinos ou altamente reactivos);
- Um plano de gestão de materiais perigosos;
- Um plano de inspeção e manutenção dos elementos físicos do sistema;
- Monitorização dos volumes de água, dos fluxos de água e da qualidade da água; e
- Relatórios.

2.2.3 Princípio das melhores práticas para o plano de gestão das águas da mina

Esta secção descreve os princípios das melhores práticas para a gestão das águas das minas na Austrália. Um plano abrangente de gestão das águas das minas é a forma mais adequada de identificar medidas de gestão eficazes e de as integrar num sistema de gestão das águas das minas. Os planos de controlo da erosão e de gestão da qualidade da água são componentes essenciais do plano de gestão das águas da mina.

2.2.3.1 Plano de gestão das águas da mina

Um processo de planeamento abrangente é a melhor forma de concretizar os múltiplos objectivos de um plano de gestão das águas das minas. O processo de planeamento deve incluir:

- Em primeiro lugar, adotar uma abordagem baseada na bacia hidrográfica para a gestão da água da mina. Esta abordagem identificará os problemas actuais e potenciais de gestão da água na bacia hidrográfica que contém as concessões da mina e avaliará a forma como a exploração mineira pode agravar ou melhorar os problemas. Esta abordagem garantirá que a gestão das águas da mina tenha em conta os problemas da bacia hidrográfica, bem como os da zona de concessão;
- Incorporar a consulta pública (com reguladores e partes interessadas) para garantir que todas as questões sejam identificadas e tratadas.
- Planeamento para abordar as três fases da exploração mineira: desenvolvimento, exploração e desativação.
- Reconhecer a relação custo-eficácia da formulação conjunta de planos de gestão das águas das minas e de planos de minas. Isto optimiza a coordenação das infra-estruturas das minas e das medidas de gestão das águas das minas.
- Reconhecer que as soluções mais rentáveis para as questões de gestão da água das minas

resultam de uma investigação integrada de "toda a mina", em vez de investigar questões específicas isoladamente e numa base ad hoc.

-Uma   abordagem de gestão dos riscos sobre a forma como devem ser abordados os níveis variáveis dos riscos de inundação, seca e qualidade da água.

-Uma   abordagem de gestão do risco para identificar e lidar com os riscos operacionais que geram consequências potencialmente adversas para a gestão da água.

-Efetuar   estudos técnicos adequados a normas adequadas.

-Identificar   e avaliar uma gama completa de medidas e opções de gestão.

-Identificar   e aplicar indicadores de desempenho adequados.

Um plano de gestão da água coerente com as melhores práticas deve considerar ou desenvolver normas, objectivos, planos operacionais ou de emergência e procedimentos específicos para o local (conforme adequado) relativamente a todos os seguintes aspectos

-Expectativas da comunidade
- Risco de inundação e perigo
-Requisitos legais
- Abastecimento de água
-Gestão de riscos
- Erosão do solo
-Balanço hídrico da mina
- Qualidade da água
-Monitorização hidrológica - Modelos computacionais
Processo
- Indicadores de desempenho, e
-Monitorização operacional
- Formação e investigação.
-Monitorização de emergências

Capítulo 3
Conceção e metodologia da investigação

Este capítulo descreve o enquadramento pormenorizado que foi feito ao longo dos processos de estudo, incluindo a explicação dos procedimentos de recolha de dados, análise de dados, desde o início do estudo até à conclusão da investigação.

3.1 Conceção da investigação

O quadro de investigação foi preparado separadamente em duas fases para a realização do estudo. Cada fase é constituída pelos componentes apresentados na (figura 7). Foi ordenado de cima para baixo e explica logicamente as etapas da investigação.

Fase I: Começa com a identificação do problema e o racional do estudo, esta etapa é a primeira decisão do investigador, com base nos seus conhecimentos e experiência profissional, para descobrir quais são os principais problemas que têm impactos mais significativos no ambiente. Após a identificação dos problemas, foram formulados os objectivos do estudo de investigação e identificado o processo de recolha de dados.

Fase II: Após a recolha de todos os dados, estes foram filtrados e analisados com base nos dados disponíveis e de acordo com os dados de base ambientais, regulamentos, diretrizes e normas. Ao fazê-lo, a norma de gestão ambiental e o sistema de gestão da água na exploração mineira também têm de ser revistos para garantir a qualidade da análise.

Uma introdução ao sistema de gestão ambiental existente é uma figura para mostrar a prática ambiental atual, a fim de compreender a situação real. Em seguida, a investigação analisará a qualidade da água comparando-a com as diretrizes e normas disponíveis para apresentar a situação real. Se o resultado for positivo ou negativo, a investigação desenvolverá recomendações a quem possa interessar para melhorar o sistema de gestão ou recomendar um estudo mais aprofundado.

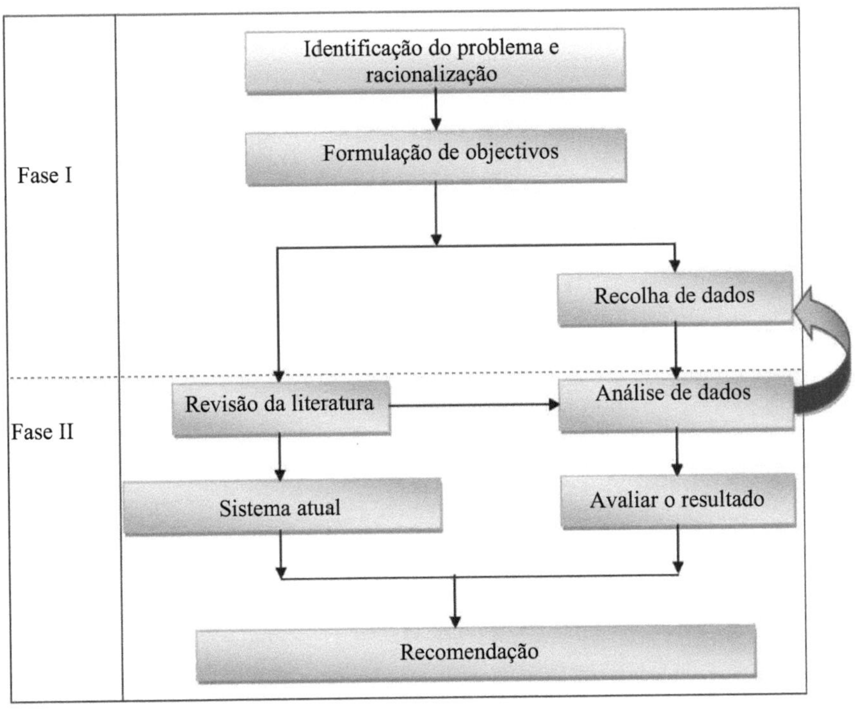

Figura 7: Quadro de investigação

3.2 Seleção do local de amostragem

Foram selecionados seis locais de amostragem dos pontos de monitorização das águas superficiais ambientais para análise da qualidade da água. Dois deles estão localizados a montante da área do projeto sem serem perturbados pela empresa e os outros quatro estavam localizados a meio e a jusante da área. No entanto, a monitorização presta mais atenção a meio e a jusante devido ao facto de as duas áreas serem seriamente afectadas pelas actividades do projeto. (Figura 8) mostra o ponto de amostragem, incluindo a disposição do desenvolvimento do projeto, para melhor compreender o local de estudo e o seu ambiente.

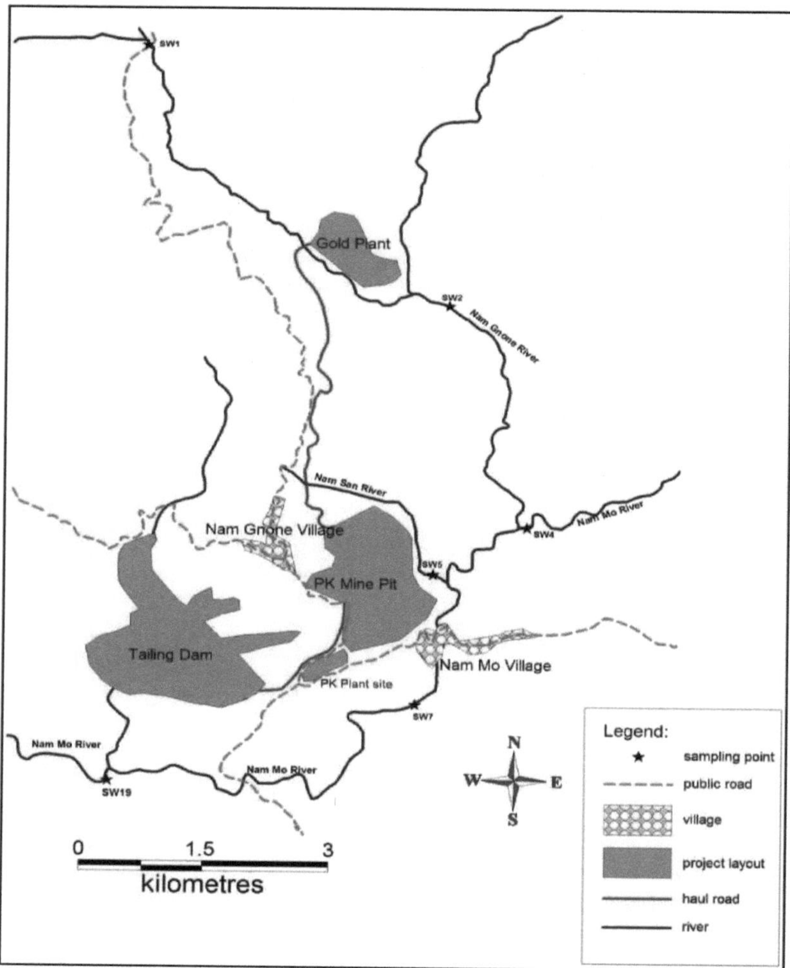

Figura 8: Esquema do projeto

3.3 Recolha de dados

3.3.1 Dados primários

Os dados primários recolhidos foram parâmetros físicos e químicos relativos à qualidade da água. Os dados sobre a qualidade da água que podem ser medidos no local são a maioria dos parâmetros físicos, como a turvação, o pH, a condutividade eléctrica (Ec), o potencial de oxidação-redução (ORP), os sólidos dissolvidos totais (TDS), o oxigénio dissolvido (DO) e a temperatura. Alguns parâmetros químicos, como o Cobre e o Cianeto, por exemplo, também foram recolhidos e analisados ao mesmo tempo. Quanto às amostras recolhidas para análise laboratorial, foram recolhidas de forma diferente consoante o tipo de parâmetro a analisar. As amostras foram enviadas para dois laboratórios; um laboratório interno no sítio mineiro e outro no exterior, para verificação dos resultados.

3.3.2 Dados secundários

Os dados secundários são considerados como os dados recolhidos por terceiros e apenas os recolhemos para apoiar a investigação, tais como normas, diretrizes, imagens de satélite e outros dados recolhidos na Internet e em bibliotecas.

3.4 Filtro e análise de dados

É dispendioso e impossível recolher dados exaustivamente no terreno e utilizá-los como indicador, pelo que este estudo selecionou apenas locais significativos para a amostragem, tais como pontos a montante, a jusante ou de descarga principal. Embora os parâmetros analisados e a metodologia de recolha de dados fossem os mesmos para todos os pontos de amostragem, a frequência da análise poderia ser diferente. A frequência da recolha e análise de dados baseou-se no nível de risco, por exemplo, a amostra a montante foi recolhida uma vez por semana, enquanto a amostra no canal de descarga foi recolhida diariamente.

Análise de dados de campo

A análise dos dados de campo foi efectuada separadamente da análise laboratorial. Os dados de campo só podem medir parâmetros físicos. A fiabilidade dos dados baseia-se no tipo de equipamento utilizado e nas competências do pessoal que efectuou a análise.

Os equipamentos de monitorização da água utilizados no PBM são Myron L e HANNA HI9828

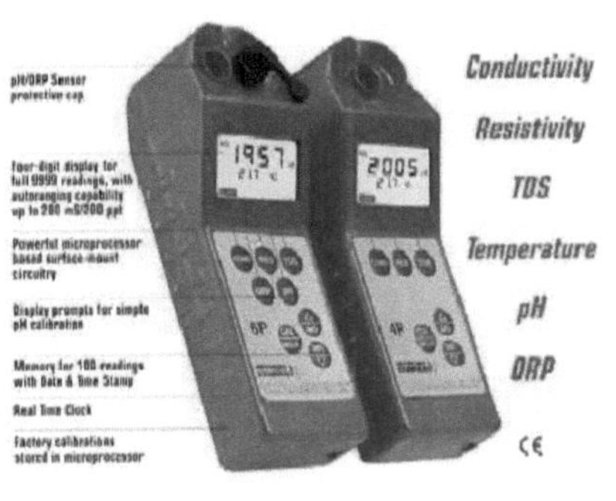

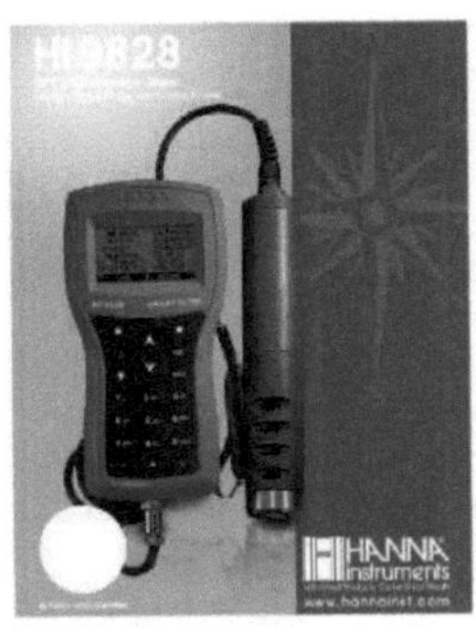

(A) (B)

Figura 9: Instrumentos de monitorização da água (A) Myron L
Os dados sobre a água de 2003 a 2006 foram recolhidos utilizando o instrumento Myron L, que pode medir vários parâmetros, tais como pH, Ec, ORP, TDS e temperatura.

(B) HANNA HI9828
Os dados de 2006 a 2008 foram recolhidos pelo instrumento HANNA HI9828. A sua propriedade é muito semelhante à do Myron L, mas tem uma opção adicional para o oxigénio dissolvido.

Análises laboratoriais

A equipa da PBM Environmental recolhe amostras de água, preserva-as e embala-as corretamente e depois entrega-as ao Laboratório Ambiental ALS, em Hong Kong, para análise. Todos os métodos, procedimentos e controlo de qualidade são baseados no Sistema de Laboratório ALS Hong Kong.

Capítulo 4
Resultados e discussão
4.1 Descrição do local de estudo
4.1.1 Introdução
O Governo da RDP do Laos atribuiu uma concessão de exploração e produção de minerais à Normandy Anglo Asian Pty Limited em 26 de janeiro de 1994 para a realização de estudos de exploração. Após a identificação de minério mineralizado, a Anglo Asian Pty Limited foi vendida à Pan Austrian Resources (PNA). Atualmente, no Laos, é conhecida como Phu Bia Mining Limited, uma empresa registada na RDP do Laos.

Mina de cobre-ouro de Phu Kham explorada pela Phu Bia Mining Limited. A mina de cobre-ouro de Phu Kham é uma grande mina a céu aberto na RDP do Laos. O projeto abre minério mineralizado de cobre e ouro a partir de uma mina a céu aberto para servir a fábrica de ouro de Phu Bia e a fábrica de cobre-ouro de Phu Kham. O minério terá um grau de aproximadamente 0,8% de cobre e 0,3 g/t de ouro e serão extraídos cerca de 9 Mt por ano.

A fábrica de ouro de Phu Bia, que deverá ter uma vida útil de 5 anos, foi aberta como uma operação convencional de lixiviação, tendo entrado em produção em novembro de 2005. A operação lixivia o minério do depósito de óxido de ouro que se sobrepõe ao depósito de cobre-ouro de Phu Kham. A mina é sazonal e produz ouro durante os meses secos, de outubro a maio. A produção anual da fábrica de ouro de Phu Bia é de aproximadamente 67.000 onças de ouro por estação.

Prevê-se que a mina de cobre-ouro de Phu Kham tenha uma vida útil de 12 anos, com o objetivo de produção anual abaixo indicado:

Fase 1	Fase 2
60 000 toneladas de cobre	75.000 toneladas de cobre
60.000 onças de ouro	65.000 onças de ouro
600.000 onças de prata	600.000 onças de prata

4.1.2 Condições ambientais

De acordo com (Phu Kham ESIA 2005), as principais condições ambientais consideradas foram o ambiente físico, o ambiente geológico e o ambiente hidrológico, conforme resumido na secção seguinte. No entanto, o estudo centrar-se-á principalmente nas práticas de gestão da água e na qualidade da água afetada pelas actividades mineiras.

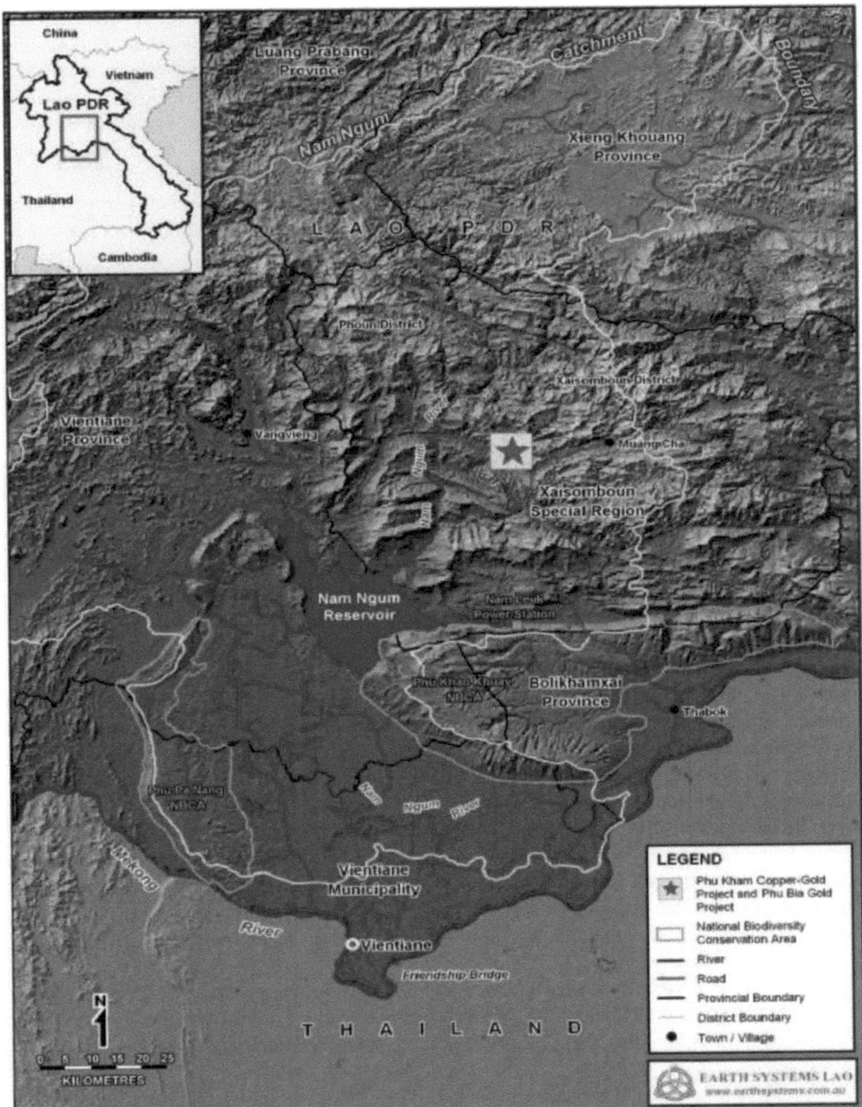

Figura 10: Localização do projeto
Fonte: ESIA de Phu Kam, 2005

4.1.2.1 Ambiente físico

Todas as infra-estruturas do projeto Phu Kham estão situadas na bacia hidrográfica do rio Nam Mo. O rio Nam Mo, que corre para sudoeste, junta-se ao rio Nam Ngum, que corre para sul, a cerca de 14 km a oeste-sudoeste do depósito de Phu Kham. Ambos os rios são importantes linhas de drenagem. O rio Nam Ngum desagua na barragem de Nam Ngum a cerca de 40 km a jusante da área do projeto. Na área do projeto, a temperatura varia entre picos diários bem superiores a 30° C entre maio e julho, e temperaturas diárias amenas e noites frias em dezembro e janeiro. A precipitação média na área do projeto varia entre aproximadamente 2.000-3.200 mm/ano.

4.1.2.2 Ambiente geológico

Os principais tipos de rochas na Área do Projeto são xistos, arenitos, calcários, vulcânicas félsicas, andesitos e cherts. A sequência de rochas foi dobrada e com falhas. O depósito de Phu Kham faz parte de um sistema de pórfiro de cobre e ouro. A mineralização é hospedada por uma unidade sedimentar espessa (predominantemente um tufo félsico) e uma unidade mista de xisto, arenito, siltito e calcário rica em carbonatos. Ambas as unidades são intrudidas por intrusões de pórfiro estreitas. O conjunto de minerais de sulfureto associado a ambos os estilos de mineralização é predominantemente pirite (sulfureto de ferro), calcopirite (sulfureto de cobre-ferro), bornite (sulfureto de cobre-ferro) e covellite (sulfureto de cobre). O Projeto Phu Kham envolverá a extração da rocha mineralizada de transição e fresca. A camada de óxido de ouro ainda está a ser explorada no âmbito do Projeto de Ouro de Phu Bia.

As unidades de solo dentro da Área do Projeto têm o seguinte:

- Textura argilo-arenosa a franco-argilosa com cores que variam do castanho ao amarelo.
- Estado nutricional muito baixo, com um teor extremamente baixo de fósforo e azoto, bem como uma baixa capacidade de troca catiónica.
- pH inferior a 5, com exceção dos solos do vale do LCT ou da atual Fábrica do Ouro (pH 5,3 a 6,5).
- Baixas concentrações de metais na maioria dos solos, presumivelmente como resultado do facto de os solos serem fortemente lixiviados. Uma exceção é o nível de ferro, que é tipicamente elevado nos Ferrasols (Oxisol ou, por vezes, classificado como solo laterítico).

4.1.2.3 Ambiente hidrológico

Na região que circunda a Área do Projeto Phu Kham, as duas colinas que constituem o depósito de cobre-ouro de Phu Kham drenam para norte e leste para o riacho Nam San. O Nam San continua através de uma secção mais ampla e aberta do vale, antes de entrar no rio Nam Mo, a nordeste do depósito de Phu Kham. O Nam Mo flui depois para oeste através de um vale confinado, onde se junta ao Nam Ngum.

O Nam Ngum corre para sul, mais nove quilómetros, onde descarrega no reservatório Nam Ngum 2. A análise dos dados hidrológicos regionais do projeto Phu Kham ESIA 2005 indica que os caudais variam normalmente entre 0,03 e 0,07 m^3 /s por km^2 de área de captação. Estes valores são coerentes com os caudais médios calculados para os principais rios que circundam a área do projeto Phu Kham, incluindo os rios Nam Ngum, Nam Mo e Nam Gnone

4.1.3 Processo da fábrica de ouro de Phu Bia

A fábrica de ouro de Phu Bia começou a funcionar a partir de meados de 2005. O tipo de instalação de processamento é denominado Heap Leach convencional. A figura 11 mostra o fluxograma do processo de minério e água ou solução na instalação de processamento. As setas azuis (linhas contínuas) mostram o fluxograma da solução líquida ou água e as linhas pretas mostram o processo de minério ou produção. O estudo abordará brevemente o processo da água ou solução química na fábrica de processamento:

1) A água bruta foi recolhida do rio Nam Sak Yai (pequeno riacho a leste do local da fábrica) e a água recolhida durante a chuva para armazenar no tanque de processamento utilizado para fins de processamento, como a mistura com solução química e irrigação no bloco de lixiviação.

2) A solução será extraída do ouro do minério na almofada de lixiviação em pilha como fluxo de solução grávida para o tanque de solução grávida e depois bombeada para o tanque contactor para posterior extração. A solução será novamente reutilizada no bloco de lixiviação.

3) Todas as águas pluviais na almofada de lixiviação serão desviadas para tanques de águas pluviais, esta solução conterá uma pequena quantidade de produtos químicos (cianeto, cobre, água ácida, etc.) após a necessidade excessiva da planta de processo, a solução de água será bombeada e tratada no tanque de desintoxicação, em seguida, descarregará para o tanque de polimento para diluição e irá para o rio Nam Gnone como ponto de descarga de efluentes. Caso a descarga de água não cumpra as normas ou diretrizes, o sistema regressará novamente ao tanque de águas pluviais para tratamento de reciclagem.

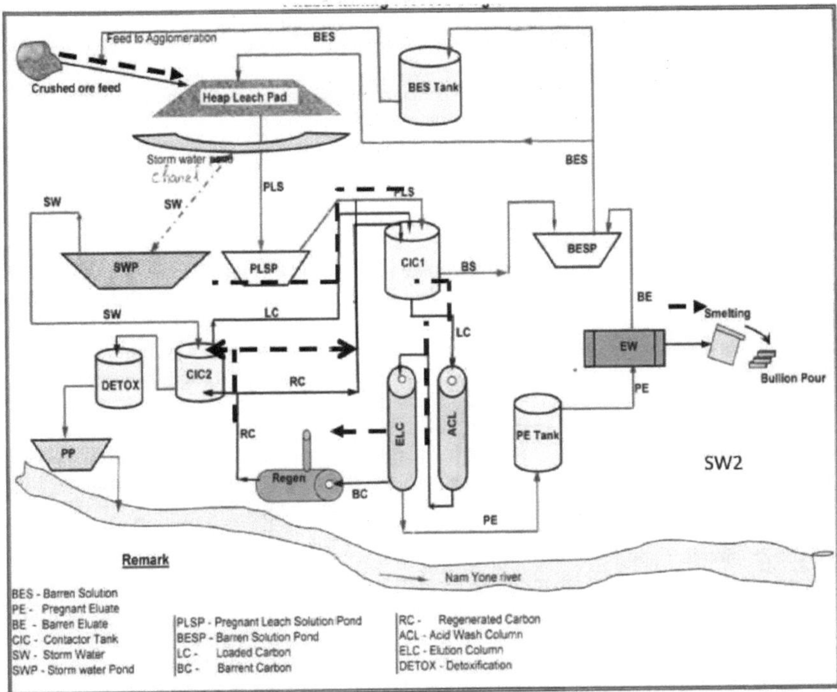

Figura 11: Diagrama da fábrica de ouro de Phu Bia

4.1.4 Políticas da empresa

Os objectivos socioeconómicos do projeto consistem em contribuir para a criação de um desenvolvimento e de uma atividade sustentáveis na região. Para o conseguir, o projeto desenvolver-se-á de forma a maximizar os impactos benéficos e a minimizar os potenciais impactos negativos, tais como a política ambiental abaixo descrita:

PAN Política Ambiental Australiana

A política

A Pan Australian reconhece que a excelência ambiental é um componente integral de qualquer negócio eficiente, bem sucedido e sustentável. A Pan Australian está empenhada na procura das "melhores práticas" em termos de desempenho ambiental, o que reflecte as expectativas e necessidades da comunidade em geral. O objetivo da Empresa, tal como com a saúde e segurança, é promover uma cultura de consciência e responsabilidade ambiental e social entre os seus funcionários e contratantes.

Para o efeito, a Pan Australian irá

- Adotar práticas que ajudem a proteger e preservar o ambiente nas áreas em que a Empresa opera.
- Integrar as questões ambientais no processo de tomada de decisão de todos os aspectos das operações da empresa, incluindo a exploração, o planeamento da mina, o desenvolvimento, a operação e o encerramento.
- Estabelecer e manter um sistema de gestão ambiental baseado na melhoria contínua e empenhado na prossecução das melhores práticas.
- Conduzir as suas actividades de modo a que os objectivos sejam alcançados e as tarefas executadas de forma a perturbar o menos possível o ambiente natural.
- A Empresa respeitará sempre as leis e os instrumentos legislativos aplicáveis às localidades em que opera, incluindo os relativos ao acesso à terra e à proteção do ambiente.
- Implementar políticas de reciclagem, reutilização e redução de produtos consumíveis. Espera-se de todo o pessoal uma participação ativa nos programas de reciclagem da empresa.
- Ter em devida consideração alternativas amigas do ambiente na aquisição e utilização de produtos

consumíveis.

- Estabelecer e implementar procedimentos de ação corretiva e preventiva para minimizar o risco ambiental associado às actividades da empresa.
- Fornecer formação e promover a sensibilização para um comportamento ambientalmente responsável entre os funcionários e contratantes da empresa nesta área.

A Direção e os Supervisores darão o exemplo e assegurarão a manutenção do compromisso com práticas ambientalmente corretas. A empresa comunicará de forma honesta e transparente com os órgãos estatutários, a comunidade e todas as partes interessadas e apresentará regularmente relatórios sobre o desempenho ambiental.

4.2 Práticas de gestão da água existentes

A prática de gestão da água é um passo muito importante para alcançar a gestão ambiental no sector mineiro. É uma das principais prioridades de gestão, monitorização e implementação durante todo o período de vida da mina.

A prática de gestão da água inclui todas as práticas de gestão relacionadas com a quantidade e a qualidade da água, tais como a intensidade da precipitação, a hidrologia, as práticas de controlo dos sedimentos e da erosão e as práticas vegetativas.

4.2.1 Prática de medição da precipitação

A linha de base ambiental para a área do projeto foi implementada desde 2003 para monitorizar a intensidade da precipitação em torno da área do projeto. O objetivo da monitorização e medição é recolher dados de base ambiental para fins de prospeção.

A precipitação foi monitorizada através de dois métodos diferentes: uma estação meteorológica e um pluviómetro convencional.

Estação meteorológica O projeto instalou duas estações; uma está localizada na fábrica de ouro de Phu Bia e a outra está localizada no depósito de Ban Houyxai, que é outro depósito de ouro pertencente à Phu Bia Mining, a cerca de 30 km a sul de Phu Kham Copper-Gold. Este tipo de equipamento pode registar automaticamente todo o comportamento meteorológico, como a precipitação, a velocidade e a direção do vento, a humidade e a temperatura máxima e mínima durante o dia. No final do mês, os dados podem ser descarregados e guardados num sistema de base de dados ambiental.

Pluviómetro convencional O projeto também instalou, em paralelo com a estação meteorológica principal, um pluviómetro convencional. Há um total de 7 pluviómetros em diferentes locais dentro da área do projeto. A maioria dos pluviómetros foi colocada nas escolas em redor do projeto, onde o pessoal de cada escola será responsável pela recolha de dados de acordo com o procedimento fornecido. A equipa ambiental recolherá todos os dados no final do mês para serem introduzidos na base de dados ambiental.

4.2.2 Práticas de medição do caudal dos cursos de água

O caudal do curso de água é muito importante para as práticas de gestão da água porque pode ajudar a determinar o caudal do curso de água, o que é necessário para desenvolver o plano de gestão da água. O departamento do ambiente monitorizou e instalou muitos medidores de caudal para medir o caudal dos cursos de água. Os métodos utilizados são, na sua maioria, a medição da secção transversal e a medição do caudal por flutuação. No caso de alguns pequenos riachos ou onde o rio muda sempre de secção transversal, foram utilizados um medidor de caudal e uma fita métrica.

O diagrama seguinte (figura 12) mostra um dos procedimentos para a medição do caudal do rio em função da área transversal e do declive do leito do rio.

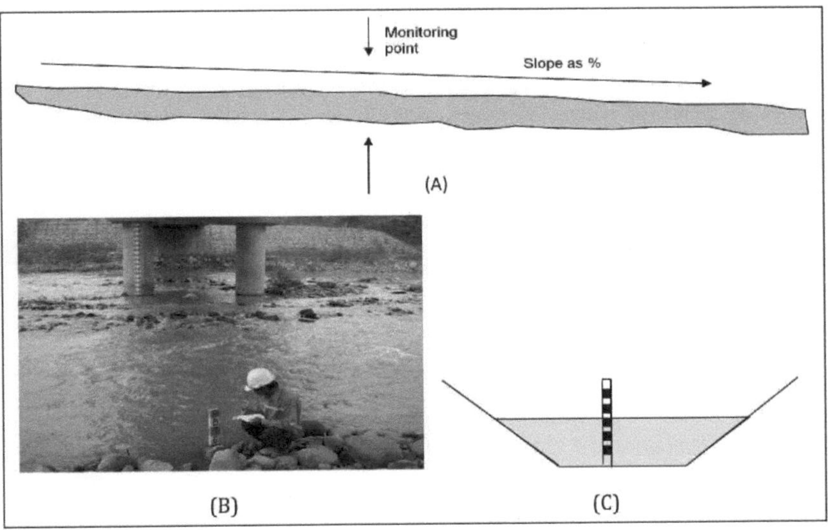

Figura 12: Medição do caudal da corrente
(A)   Mostra o perfil do leito do rio a 30 metros a montante e a 30 metros a jusante, para efetuar o levantamento e determinar o ponto com precisão
(B)   Mostrar o local atual, que fica em Nam Mo, debaixo da ponte
(C)   Mostra a simulação da profundidade da secção transversal recolhida a partir dos dados do levantamento exato.
Os cálculos foram efectuados utilizando uma folha de cálculo Excel (PBM Database) elaborada pela Knight Piesold Company. A equipa ambiental tem de ler o nível da água na porta do pessoal, registar e introduzir os dados na base de dados ambiental, que calculará automaticamente a taxa de descarga.

4.2.3 Práticas vegetativas

O estabelecimento e a manutenção da vegetação são os factores mais importantes para minimizar a erosão durante o desenvolvimento e a exploração. O coberto vegetal reduz grandemente o potencial de erosão das áreas de três formas principais. Em primeiro lugar, absorve a energia cinética das gotas de chuva que, de outro modo, iriam embater no solo e soltá-lo. Em segundo lugar, ao intercetar a água para que esta se possa infiltrar no
solo em vez de escorrer carregando o solo à superfície e, por último, ao abrandar a velocidade do escoamento, promovendo a deposição de sedimentos nascidos na água. A instalação de vários componentes dos trabalhos de revegetação exigirá uma variedade de técnicas de plantação, dependendo da complexidade da área de vegetação planeada e das condições do local (EPA, 1990).
A seleção de gramíneas ou vegetação adequada às propriedades das áreas é clara para a pessoa que precisa de se candidatar a uma futura aplicação e compreender as propriedades das diferentes variedades de gramíneas.

4.2.3.1 Selecionar espécies

O papel dos trabalhos de vegetação é estabilizar a área e controlar o escoamento superficial. Idealmente, servirá também como reparação do ambiente. Os trabalhos de revegetação serão concebidos de forma a integrarem-se no meio envolvente. As espécies nativas e/ou tropicais de gramíneas e árvores perenes serão identificadas corretamente para a zona. Esta identificação basear-se-á na disponibilidade na área local e em algumas que são adequadas para a área tropical, tal como especificado no Manual de Viveiros PBM preparado pelo Sr. Thiraphon Earth System Lao 2006. A lista e a informação das espécies para sementeira direta e hidrossementeira podem ser resumidas no quadro 4.1.

4.2.3.2 Semeadura direta

A sementeira direta é a forma convencional de plantar vegetação por equipas. Neste caso, adequado para áreas planas ou com declive limitado, a plantação de vegetação pode ser efectuada com ferramentas manuais. Algumas plantas requerem a colocação de rebentos (árvores jovens) ou de sementes sob a superfície do solo para uma germinação adequada e a sobrevivência da sementeira. As espécies de gramíneas nativas ou locais oferecem um potencial de implementação manual. Adaptam-se facilmente ao ambiente, requerem pouca manutenção e, na sua maioria, já estão presentes na área do projeto. A erva Gna-oi-nu, a erva-dos-coqueiros, a bananeira e vários tipos de erva e árvores mencionados na tabela 4.1 abaixo são espécies nativas potencialmente úteis. Elas são adaptadas para se estabelecerem tanto em solo nu como em viveiros de plantação.

Tabela: 4.1 Lista de algumas espécies de vegetação

Espécies				
Nome científico	Nome comum	Dados de base	Adequado para	Fontes
N/A	Gna-oi- nu	É uma erva de crescimento muito rápido e fácil de plantar como troncos ou sementes. Atualmente é o número um das práticas vegetativas do PBM.	Aterro inferior da estrada. Com um solo que continha uma humidade elevada	Local
N/A	Relva do sofá	Encontra-se normalmente na zona local. Cresce bem em áreas secas e expostas, geralmente em encostas e cumes. É útil para estabilizar aterros e sítios semelhantes.	Finalidade estética muito boa de escarificação do terreno Declive baixo (<10%) Hidro-sementeira	Local
Vetiveria zizanioides	Erva de Vetiver	Relva de crescimento rápido e não invasiva. Quando cultivada em fileiras, captura os sedimentos e evita a erosão do solo.	Disponível para todos tipos de área de declive	Local
Brachiaria ruziziensis	Erva de Ruzi	O capim-ruzizi combina bem com leguminosas, por exemplo, se a mistura for pastoreada com clemência. É útil para o controlo da erosão. Recomendado para utilização no método de revegetação por hidrossementeira e também para sementeira manual.	Declive acentuado Ampla área revegetada	Tailândia
Centrosem a pascuorum	Cavalcad eLegume	O Cavalcade é adaptado aos melhores tipos de solo e tolera o encharcamento. Será utilizado em mistura com o capim Ruzi para a hidrossementeira	Misturar com Ruzi para hidrossementeira	Tailândia
Musa X paradisiac a L.	Bananeiras	Cresce a partir de rizomas, que são caules que criam raízes e enviam rebentos (ventos) através do solo. Fácil de encontrar no local, simples de transplantar e reproduzir.	Área plana com fins paisagísticos	Local

Erva GNA-OI-NU: A erva Gna-oi-nu pode ser encontrada como erva local na zona, mas nunca foi utilizado para a proteção contra a erosão do solo ou para a revegetação no Laos.

Primeira tentativa em 18 de abril de 2005 no Projeto da Mina de Ouro de Phu Bia (atual -GMO) sugerida pela população local e por dois funcionários ambientais (Kongher HERJALEARN e Douaher XAILIAVUE). A Gna-oinu é uma erva de crescimento fácil em qualquer tipo de solo, especialmente em clima tropical. Também pode ser ajudada a proteger a erosão do solo e o impacto direto das gotas de chuva após seis meses.

Figura 13: Fotografia de Gna-oi-nu durante o período de crescimento

Erva-doce: A erva-doce e as suas sementes são colhidas localmente e não precisam de ser propagadas em viveiros. Pode crescer ao longo do ano. A erva-dos-prados ocorre naturalmente na área local em toda a RDP do Laos. A plantação pode ser feita separando a erva em pequenos cachos e plantando-os ao longo do contorno com uma distância entre linhas de cerca de 10 a 30 cm para um ligeiro declive. A erva também pode ser escavada numa folha de erva e levada para cobrir a área onde se pretende cultivá-la. Caso contrário, pode ser cultivada por semente. Este tipo de relva é muito apropriado para a plantação em redor da área de alojamento e para paisagismo.

Bananeiras: A bananeira está disponível na área e também foi selecionada porque pode manter a humidade do solo e pode crescer bem durante a estação das chuvas. Também apresenta um bom enquadramento paisagístico à volta do alojamento (figura 14).

Árvores locais: As práticas de árvores locais são preparadas para fins de reabilitação. O viveiro produziu mais de 10 mil mudas por ano para a reabilitação da área onde a construção foi concluída. Esta atividade também tem como objetivo melhorar a qualidade ambiental, especialmente para evitar a erosão do solo, reduzir os sedimentos e melhorar a qualidade da água (figura 15).

4.2.3.3 Hidro-sementeira

A hidrossemeadura consiste tipicamente na aplicação de uma mistura de fibra de madeira, sementes, fertilizantes e emulsão estabilizadora com equipamento de hidromassagem, para proteger os solos expostos da erosão pela água e pelo vento. É a prática mais comum, pulverizando sementes de relva com fertilizante na superfície do solo, minimizando a

Figura 14: Erva-doce e bananeiras ao longo do campo de alojamento	Figura 15: Árvores jovens no viveiro

O inconveniente da relva tradicional no sentido em que a hidrossementeira também pode ser facilmente aplicada à superfície irregular do solo. Além disso, é económico e cumpre a função de controlo da erosão numa extensão mínima.

A hidrossementeira deve ser efectuada com equipamento adequado, que inclui um tanque, uma bomba e um distribuidor rotativo (por exemplo, do tipo mangueira de incêndio). Este equipamento permite a distribuição de uma solução de água composta por fertilizante, substância orgânica, turfa, materiais fixadores, etc. na superfície a tratar.

Exemplo dos componentes da mistura para a hidrossementeira

Erva Ruzi 20 g/m^2
Leguminosa   Cavalcade 20 g/m^2
                Melaço 15 g/m^2
Fertilizante   15-15-15 20 g/m^2

Fonte: Instalação de reflorestação da Nam Theun 2 Power Company, limitada a 2006

Figura 16: Equipamento do Turbo Turf para hidrossemeadura

Todos os componentes serão misturados em 1.000 litros de água, o que é aplicável para 500 m^2. A mistura será contida num tanque de pulverização de hidrossementeiras e entregue por camião. Um doseador de longo alcance permite, com uma única intervenção, a distribuição, de modo a que a solução seja corretamente misturada. Após um curto período de tempo, a semente começará a germinar e a criar raízes, criando assim a regeneração da relva.

(Nota: A hidrossementeira foi planeada, mas não foi aplicada às práticas de gestão existentes)

4.2.4 Práticas estruturais

Práticas estruturais consideradas como os dispositivos que desviam o fluxo, retêm o fluxo ou limitam o escoamento, estabilizam ou evitam a erosão e a sedimentação fora do local, desviam a água limpa de uma área de construção e transportam as águas superficiais para um escoadouro seguro.

De acordo com os procedimentos ambientais do PBM relativos ao controlo da erosão e dos sedimentos e com o local real visitado entre maio e julho de 2008, foram utilizadas várias técnicas, tais como vedações de silte, armadilhas para sedimentos e lagoas de sedimentos.

4.2.4.1 Forma do terreno

A forma do terreno é o fator mais importante para proteger o deslizamento de terras e a erosão das margens. As estruturas e a vegetação não serão capazes de proteger o deslizamento de terras ou a erosão se a engenharia de construção não tiver sido bem sucedida na execução da forma do terreno. Na mina de Phu Kham, na maior parte da área com declive acentuado, a empresa construiu degraus com um declive não muito longo para proteger o deslizamento de terras, reduzir o escoamento e facilitar a revegetação e o controlo da erosão. Os resíduos de rocha e parte do solo superficial também foram geridos de forma adequada, sendo depositados no local de descarga planeado, como a barragem de rejeitos.

4.2.4.2 Canal de desvio e drenagem

O canal de desvio e a drenagem são utilizados para desviar a água e o escoamento do local para o ambiente ou para manter a água limpa fora do local de construção. O bloco de lixiviação, as estradas de transporte, as estradas de acesso e o estaleiro de construção construíram um canal de desvio e drenagem para desviar a água e drenar a água para fora do local.

4.2.4.3 Tanque de sedimentos/armadilha

A lagoa de sedimentos ou armadilha de sedimentos é uma pequena lagoa ou bacia que consiste num aterro construído ao longo de uma via de drenagem ou numa escavação que cria uma bacia. É constituída por um represamento, uma pequena barragem e um tubo de elevação ou uma saída em canhão de enrocamento. A dimensão da estrutura dependerá da área disponível e dependerá da localização, da dimensão da drenagem, do tipo de solo, do coberto vegetal, da utilização do solo, da quantidade de precipitação e de qualquer condição de dimensão unitária favorável à produção de um elevado volume de escoamento superficial, velocidade ou sedimentos.

O tanque de sedimentos é utilizado para reter a água de escoamento e reter os sedimentos das zonas perturbadas, a fim de proteger o movimento dos sedimentos para a corrente. A água neste reservatório é armazenada temporariamente e a maior parte dos sedimentos que caem na bacia, enquanto a velocidade da água abranda na bacia ou nos reservatórios.

Figura 17: Fotografia da lagoa de sedimentos na mina de Phu Kham

4.2.4.4 Gabião

O gabião é uma grande caixa com várias células de malha de arame, utilizada como revestimento de canais, muros de contenção, pilares, barragens de retenção, etc... Utiliza rocha para encher os cestos de arame para a construção de estruturas de controlo da erosão e para estabilizar encostas íngremes ou áreas altamente erosivas.

A prática foi colocada em muitos pontos em torno do projeto Phu Kham onde o declive ou o potencial de erosão excede a capacidade de gestão de uma aplicação menos complicada. Porque o gabião é tipicamente uma inclinação permanente e estabiliza o solo.

Figura 18: Gabião no rio Nam Gnone e acima da aldeia de Nam Mo

4.2.4.5 *Vedação de silte*

A vedação contra o lodo é uma vedação temporária com tela de sombra, tecido geotêxtil (tela filtrante) ou folha de bambu para ser utilizada como barreira ou para intercetar o escoamento de sedimentos carregados de pequenas áreas de drenagem de solo perturbado. Propõe-se reduzir a velocidade do escoamento e efetuar a deposição da carga sedimentar transportada. A vedação contra o lodo pode ser colocada ao longo de áreas perturbadas para controlar a erosão do lençol e o transporte de sedimentos. A vedação contra sedimentos pode ser simplesmente instalada sem grandes perturbações do solo e é muito eficaz no controlo dos sedimentos fora do local. Além disso, a vedação contra o lodo também tem algumas desvantagens, tais como a vedação contra o lodo só pode ser utilizada em áreas de fluxo de folhas e requer manutenção intensiva e alguns tecidos de vedação contra o lodo podem ser susceptíveis à deterioração ultravioleta, limitando assim a sua utilidade.

Figura 19 Vedação de silte no Projeto Phu Kham (*Fontes: PBM-SEC-Procedure*)

4.3 Resultado da monitorização da água e sua tendência

4.3.1 Parâmetros físicos

Os parâmetros físicos serão abordados mais detalhadamente no que diz respeito à turbidez, ao pH e à condutividade eléctrica, sendo que os outros parâmetros apenas dão uma ideia geral do seu impacto no ambiente, uma vez que a maior parte dos resultados se encontram dentro dos padrões e diretrizes ou não são realmente significativos na área de estudo.

4.3.1.1 Turbidez

A turvação refere-se ao grau de transparência da água. Quanto maior for a quantidade de sólidos suspensos totais (SST) na água, mais turva ela parece e mais elevada é a medição da turvação.

No PBM, a sonda de turbidez (equipamento de medição da turbidez) pode detetar turbidez entre 5 e 500 NTUs. Por conseguinte, o valor real da turvação pode ser superior a 500 NTUs, mas o equipamento só o pode detetar como 500 NTUs.

As figuras seguintes mostram a turbidez de cada ponto de amostragem e as tendências da turbidez ao longo dos diferentes anos de funcionamento.

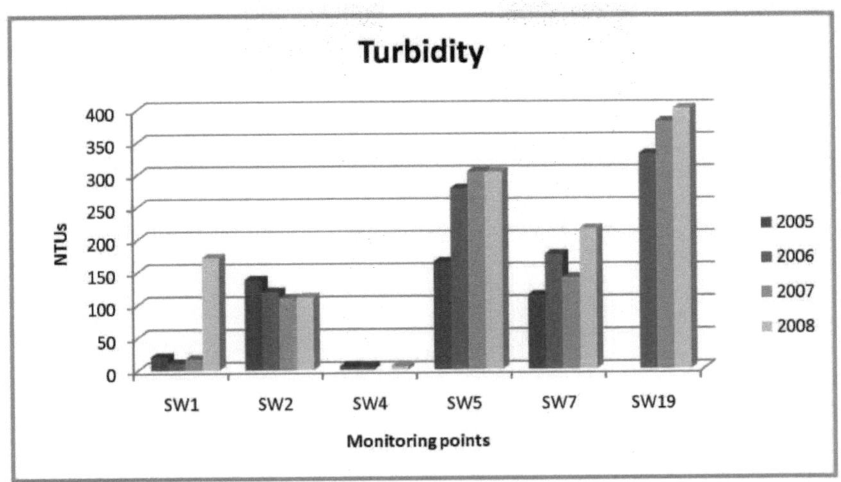

Figura 20 Média da turbidez anual em diferentes pontos de amostragem

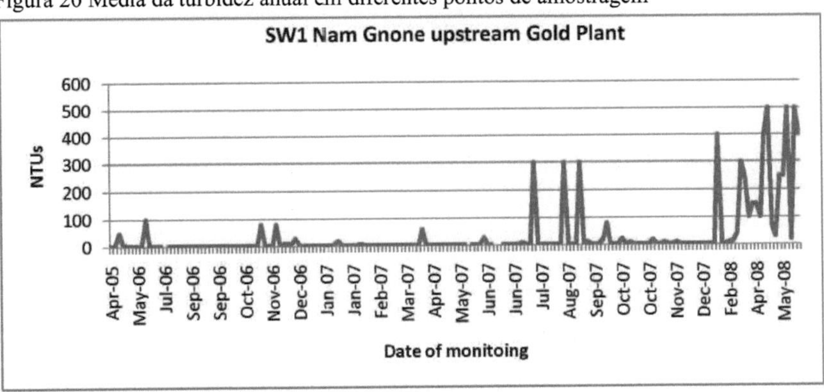

Figura 21: O gráfico mostra a turbidez sazonal em SW1

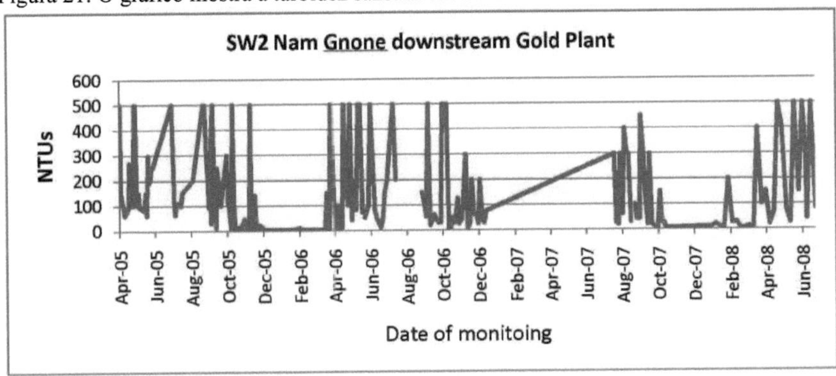

Figura 22: O gráfico mostra a turbidez sazonal em SW2

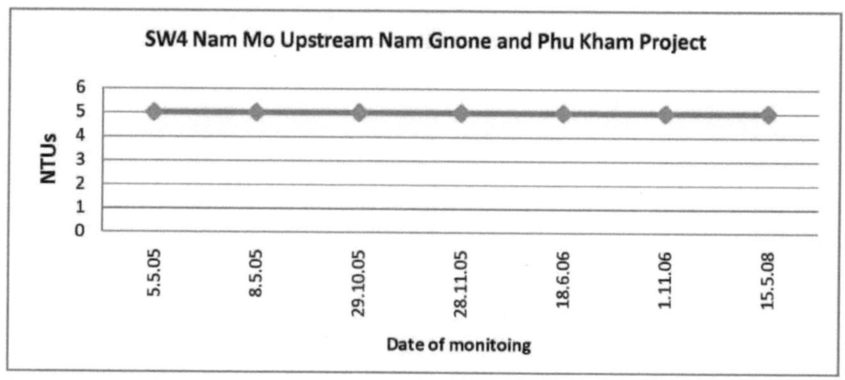

Figura 23: O gráfico mostra a turbidez sazonal em SW4

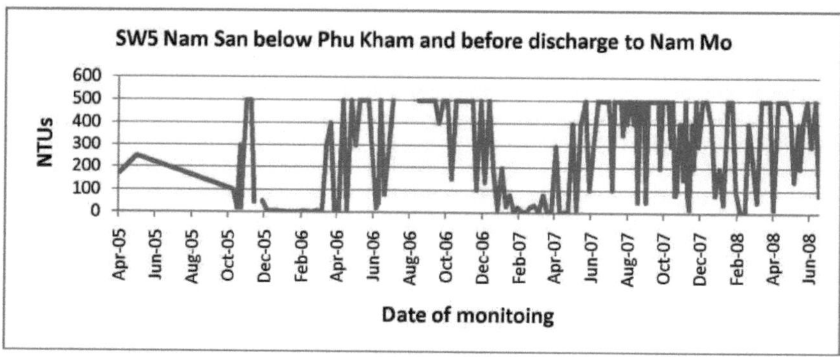

Figura 24: O gráfico mostra a turbidez sazonal em SW5

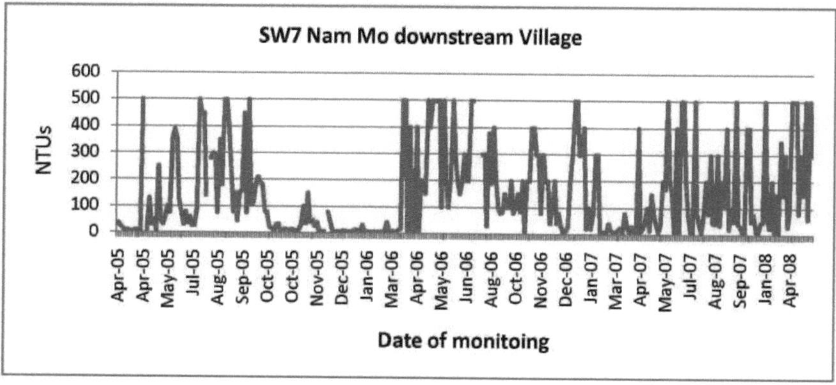

Figura 25: O gráfico mostra a turbidez sazonal em SW7

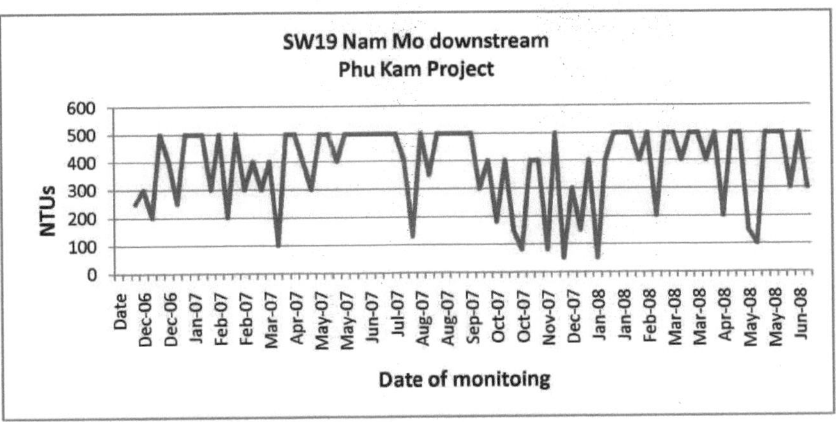

Figura 26: O gráfico mostra a turbidez sazonal em SW19

Em primeiro lugar, a partir da (figura 20), tal como se verificou no ponto de amostragem da (figura 8), a fábrica de ouro de Phu Bia estabeleceu-se entre SW1 e SW2 em meados de 2005. SW1 é o ponto localizado a montante, sem perturbação do projeto, pelo que a turbidez deste ponto era muito baixa. No ano de 2008, a turbidez aumentou gradualmente para cerca de 150 a 200 NTUs. A razão é que outro projeto de desenvolvimento, o Projeto Hidroelétrico Nam Ngum 3, iniciou a sua construção. Muitas actividades como a construção de estradas, a construção de um novo campo de alojamento e a lavagem de cascalho podem ter contribuído para o aumento da turbidez. Por conseguinte, devemos ter em mente que a turbidez mais elevada no SW 1 pode também contribuir para a turbidez elevada a jusante, como no SW2, SW7 e SW19.

Em segundo lugar, no SW2 ou no ponto de amostragem a jusante da fábrica de ouro de Phu Bia, nas figuras 20 e 21, pode ver-se que, no primeiro ano, a turbidez média variou entre 100 e 150 NTU em 2005. A tendência para a turbidez neste ponto mostra claramente que houve uma redução da turbidez ao longo dos dois anos, 2006 e 2007. Poderá ser a eficácia das práticas de gestão da água, como a vegetação e os dispositivos estruturais já instalados e estabelecidos na fábrica de ouro de Phu Bia. Além disso, a elevada turbidez no ano de 2008 pode ser o resultado de um projeto de desenvolvimento a montante.

O projeto de cobre-ouro de Nam Mo a montante de Nam Gnone e Phu Kham, Nam Mo a montante, é um fluxo de água doce proveniente da montanha, sem qualquer perturbação causada por actividades humanas, e a água é quase sempre límpida durante todo o ano. (Figura 23) mostra que a água neste ponto é muito límpida. O número de 5 NTUs é o número mínimo que pode ser detectado no tubo de turbidez.

Por último, são abordados o riacho Nam San (SW5) e outros dois pontos de amostragem na aldeia de Nam Mo a jusante (SW7) e Nam Mo a jusante de Nam Kham (SW19). O ribeiro de Nam San é um pequeno ribeiro que recebe todo o escoamento de sedimentos da mina de Phu Kham e descarrega diretamente para Nam Mo sem qualquer barragem de controlo ou bacia de sedimentos. Após a abertura da mina de Phu Kham em maio de 2005 para a fábrica de ouro de Phu Bia, os sedimentos desenvolveram-se mais frequentemente durante a estação das chuvas do que na estação seca e continuaram a aumentar muito mais em 2007 e 2008. (A Figura 20 mostra que, nos pontos de amostragem SW1, SW7 e SW19, a turbidez aumenta todos os anos. O SW19 é o último ponto a jusante que apresenta a média mais elevada, entre 350 e 400 NTU, o que não se deve apenas à perturbação do fosso de Phu Kham, mas inclui também quaisquer actividades relacionadas com o projeto Phu Kham, como a instalação de lavagem de areia e gravilha, a barragem de rejeitos e outras fontes do campo de alojamento de Phu Kham. No entanto, o gráfico mostra uma turbidez elevada, mas a PBM continua a melhorar muitas práticas de gestão relacionadas com a qualidade da água, como a revegetação, as vedações de sedimentos, as armadilhas de sedimentos/lagos para minimizar os impactos a jusante.

De acordo com os resultados acima, podemos ver claramente como é a turbidez e comparar esses resultados com as tendências da figura dos Voluntários da Ação da Água, Série de Fichas de Monitorização no Projeto de Acesso aos Lagos nos Estados Unidos sobre as tendências relacionais da atividade dos peixes de água doce com os valores de turbidez e o tempo (figura 27). A maior parte da turbidez na área de estudo é de 100 a 500 NTUs. Este número é crítico para a morte de peixes na área de estudo, pois tem impacto na alimentação ou na redução a longo prazo do sucesso alimentar.

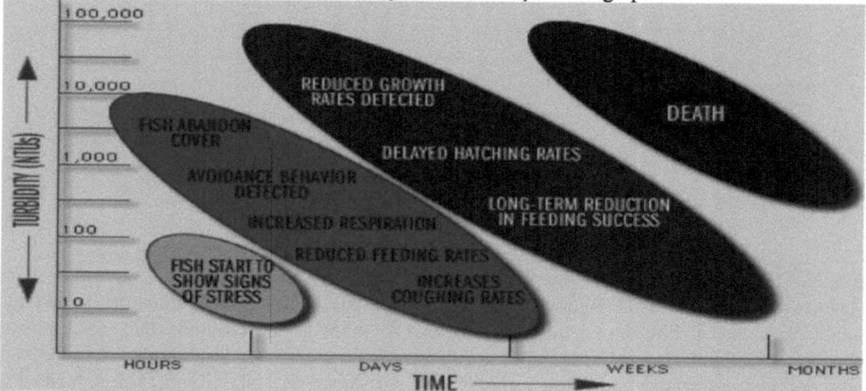

Figura 27: Tendências relacionais dos peixes de água doce com os valores de turbidez e o tempo
Fonte: http://lakeaccess.org/russ/turbidity.htm

4.3.1.2 pH

O pH é uma medida da acidez e da alcalinidade da água, expressa em termos da sua concentração de iões de hidrogénio. A escala de pH varia de 0 a 14. As substâncias com pH inferior a 7 são consideradas ácidas, com pH igual a 7 são consideradas naturais e com pH superior a 7 são consideradas básicas.

Muitas organizações e países estabeleceram diferentes normas e diretrizes para diferentes fins, sendo que a maior parte delas estabelece valores de pH para as águas superficiais em torno de 6-9 como água aceitável para uso doméstico. Para mais informações sobre as normas e diretrizes, consultar o quadro 4.2.

Os resultados do estudo relativos ao pH são apresentados na figura seguinte. Não se trata de um problema grave para o projeto atual, mas deve ter-se em atenção que o pH no ponto de amostragem SW5 está a diminuir de forma oposta aos outros, o que significa que pode ser possível que a drenagem ácida de minas comece a ser libertada na mina de Phu Kham devido a Nam San ou que o SW5 esteja localizado abaixo da mina de Phu Kham e receba todo o escoamento da mina de Phu Kham.

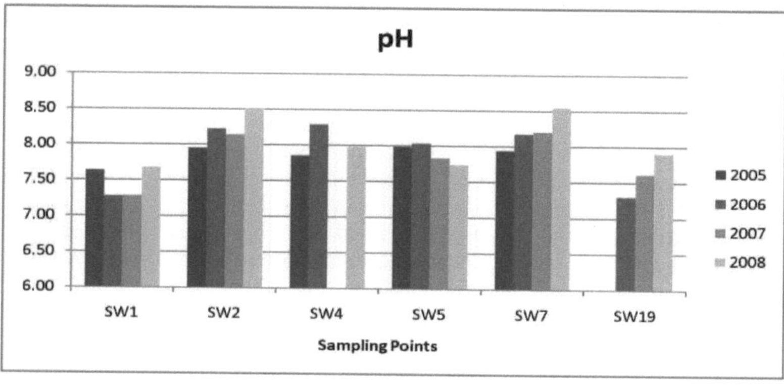

Figura 28 Variações anuais do pH em média

4.3.1.3 Condutividade eléctrica (CE)

A condutividade eléctrica (CE) é utilizada para estimar a quantidade total de iões dissolvidos ou sais dissolvidos na água. A CE é controlada pela geologia, como os tipos de rocha, a composição da rocha e a química do solo da bacia hidrográfica e, em última análise, do lago. A condutividade é uma medida da capacidade de uma solução aquosa transportar uma corrente eléctrica. Um ião é um átomo de um elemento que ganhou ou perdeu um eletrão, criando um estado negativo ou positivo. Por exemplo, o cloreto de sódio é constituído por iões de sódio (Na+) e iões de cloreto (Cl-) mantidos juntos num cristal. Na água, separa-se numa solução aquosa de iões sódio e iões cloreto. Esta solução conduzirá uma corrente eléctrica. A condutividade é uma medida utilizada para determinar uma série de aplicações relacionadas com a qualidade da água. Estas são as seguintes:

1) Determinação da mineralização: é normalmente designada por sólidos totais dissolvidos. A informação sobre os sólidos totais dissolvidos é utilizada para determinar o efeito iónico global numa fonte de água. Certos efeitos fisiológicos em plantas e animais são frequentemente afectados pelo número de iões disponíveis na água.
2) Registar rapidamente as variações ou alterações das águas naturais e das águas residuais;
3) Estimar a dimensão da amostra necessária para outras análises químicas; e
4) Determinação das quantidades de reagentes químicos ou de produtos químicos de tratamento a adicionar à amostra de água.

No caso do PBM, os resultados mostram que todos estão em conformidade com as normas, como se pode ver mais pormenorizadamente na secção seguinte de comparação dos resultados com as normas disponíveis e na figura abaixo. No entanto, SW2 e SW5 mostram claramente que a CE continua a aumentar ao longo dos anos de estudo devido ao facto de serem dois pontos a jusante que receberam a descarga de água da fábrica de ouro de Phu Bia e da mina de cobre-ouro de Phu Kham. Por conseguinte, pode aumentar a quantidade total de iões dissolvidos ou de sais dissolvidos provenientes da fábrica de ouro e da mina.

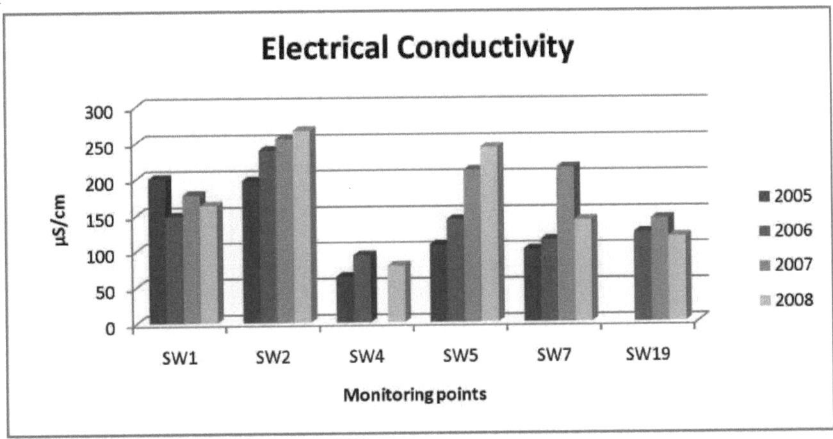

Figura 29 CE média anual em diferentes pontos de amostragem

29.3.1.4 Potencial de redução da oxidação (ORP)

De acordo com o (Boletim da MYRON L COMPANY) OPR é uma medida da capacidade do sistema de água para libertar ou ganhar electrões em reacções químicas. O processo de oxidação envolve a perda de electrões, enquanto a redução envolve o ganho de electrões.

As reacções de oxidação e redução controlam o comportamento de muitos constituintes químicos na água potável, nas águas residuais e no ambiente aquático. A reatividade e solubilidade de elementos críticos em sistemas vivos depende fortemente das condições de oxidação e redução. Os valores de ORP são utilizados de forma muito semelhante aos valores de pH para determinar a qualidade da água. Enquanto os valores de pH caracterizam o estado relativo de um sistema para receber ou doar iões de hidrogénio (actuando como uma base ou um ácido), os valores de ORP caracterizam o estado relativo de um sistema para ganhar ou perder electrões. Os valores de ORP são afectados por todos os agentes oxidantes e redutores, e não apenas por ácidos e bases.

O ORP pode ser utilizado em muitos domínios. No entanto, pode ser utilizado para a desinfeção de torres de arrefecimento, remediação de águas subterrâneas, branqueamento, destruição de cianetos e reduções de crómio, gravação de metais, desinfeção de frutas e legumes e descloração.

4.3.1.5 Sólidos dissolvidos totais (TDS)

Os sólidos dissolvidos referem-se a quaisquer minerais, sais, metais, catiões ou aniões dissolvidos na água. Os TDS incluem sais inorgânicos (principalmente cálcio, magnésio, potássio, sódio, bicarbonatos, cloretos e sulfatos) e algumas pequenas quantidades de matéria orgânica que se encontram dissolvidas na água. A concentração de TDS pode ser relacionada com a condutividade da água, mas a relação não é constante. A relação entre TDS e CE é uma função do tipo e natureza dos catiões e aniões dissolvidos na água e, possivelmente, da natureza de quaisquer materiais em suspensão.

4.3.1.6 Temperatura (T)

Temperatura e qualidade da água, para além de ter o seu próprio efeito tóxico, a temperatura afecta a solubilidade e, por sua vez, a toxicidade de muitos outros parâmetros. Geralmente, a solubilidade dos sólidos aumenta com o aumento da temperatura, enquanto os gases tendem a ser mais solúveis em água fria. A temperatura é um fator na determinação dos limites admissíveis para outros parâmetros, como o amoníaco, ou pode reduzir a quantidade de oxigénio dissolvido na água. Existe uma relação física importante entre a quantidade de oxigénio dissolvido numa massa de água e a sua temperatura. Simplificando, quanto mais quente a água, menos oxigénio dissolvido e vice-versa. (A Figura 30 mostra a relação entre a temperatura (graus Celsius) e o oxigénio dissolvido (mg/L).

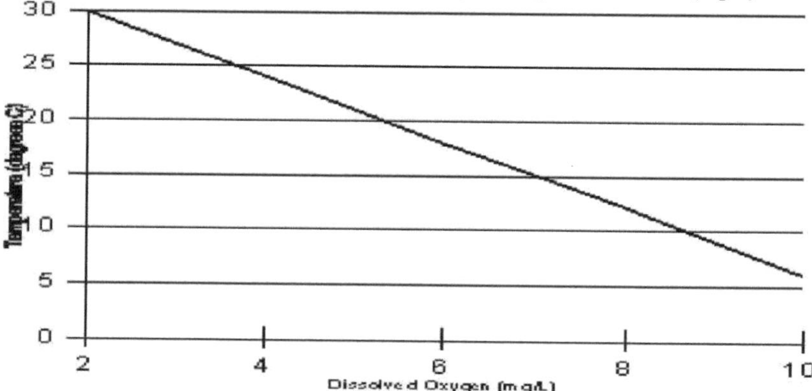

Figura 30 Efeito da temperatura no oxigénio dissolvido

Fonte: Kentacky Water Watch (http://kywater.org/ww/)

Por esta razão, o calor ou a "poluição térmica" pode ser um problema, especialmente em riachos, ribeiros ou charcos pouco profundos e de movimento lento, que podem ficar muito quentes em meados do verão. A maioria dos peixes simplesmente não suporta água quente e/ou baixos níveis de oxigénio dissolvido. No entanto, a maior parte dos resultados do estudo mostra (figura 31) que a temperatura varia entre 20 °C - 25 °C, tal como se verifica naturalmente na área de estudo. Mas, um pouco mais no ponto de amostragem SW5, que está localizado abaixo da mina PK e recebeu todos os impactos da mina PK, a temperatura média do ano estava a aumentar todos os anos. Por conseguinte, este valor também é tido em conta na determinação de práticas adicionais de gestão da água para melhorar a qualidade da água interna.

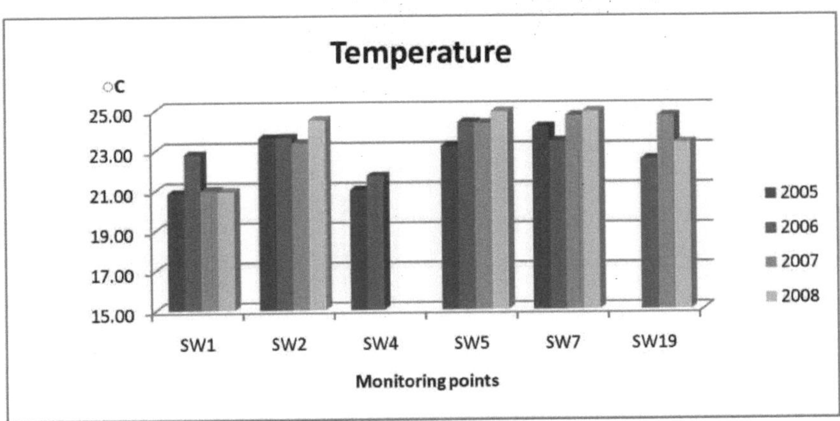

Figura 31 Temperaturas médias anuais em diferentes pontos de amostragem

4.3.2 Parâmetros químicos

De facto, a empresa atual foi testada em relação a cerca de 58 parâmetros, mas o estudo selecionou apenas alguns parâmetros para análise. A partir do resultado desses dados, verificou-se que a maioria deles está em conformidade com a norma e as diretrizes actuais. Apenas alguns parâmetros se revelam um pouco interessantes e serão objeto de uma análise mais aprofundada sobre alguns parâmetros específicos. Para os outros parâmetros que já estão em conformidade com a norma ou as diretrizes, apenas será abordada uma visão geral sobre os mesmos.

4.3.2.1 Cobre (Cu)

De acordo com (Wilson-2008), o cobre é fundamental para a produção de energia nas células. Está também envolvido na condução nervosa, no tecido conjuntivo, no sistema cardiovascular e no sistema imunitário. O cobre está intimamente relacionado com o metabolismo dos estrogénios e é necessário para a fertilidade da mulher e para manter a gravidez. O cobre estimula a produção dos neurotransmissores epinefrina, noradrenalina e dopamina. Também é necessário para a oxidação da monoamina, uma enzima relacionada com a produção de serotonina.

O cobre pode afetar qualquer sistema do corpo, mas normalmente afecta mais alguns do que outros. Os sintomas mais comuns estão relacionados com o cérebro e as emoções, em particular. Outros sistemas muito afectados são a pele, o cabelo, as unhas e o tecido conjuntivo, bem como o aparelho reprodutor feminino. Outros são o fígado, em particular, com sintomas como hepatite C, sensibilidade hepática, problemas de vesícula biliar e outros relacionados com o fígado.

Os resultados apresentados na (figura 32) abaixo são a concentração de cobre na área de estudo. Quase todos os resultados mostram uma concentração muito baixa de cobre. No entanto, o SW2 ou a amostragem na parte inferior da fábrica de ouro PBM apresentou valores acima do padrão em meados de abril de 2008. No inquérito efectuado durante o estágio, o responsável pelo ambiente afirmou que limparam os sedimentos no tanque de polimento, como se pode ver no diagrama das etapas do processo (Figura 11), não há mais tratamento após o tanque de polimento. O objetivo da lagoa de polimento é diluir a água tratada com a água natural até à sua descarga no curso de água natural ou no rio. Por conseguinte, seria possível que a água se acumulasse na lagoa de polimento e fosse libertada quando houvesse uma grande perturbação. Caso contrário, a concentração de cobre na bacia de águas pluviais é muito elevada durante a estação seca e tem de ser imediatamente descarregada devido a uma nova tempestade intensa ou a um problema de desintoxicação devido ao descuido dos trabalhadores durante o trabalho. No entanto, o laboratório interno efectuará um controlo mais frequente e, se for detectado um acontecimento inesperado, o sistema de tratamento deixará imediatamente de descarregar diretamente para a bacia de polimento para verificação e inspeção até se certificar de que o sistema funciona bem ou é aprovado pelo departamento do ambiente e pelo representante do Governo do Laos.

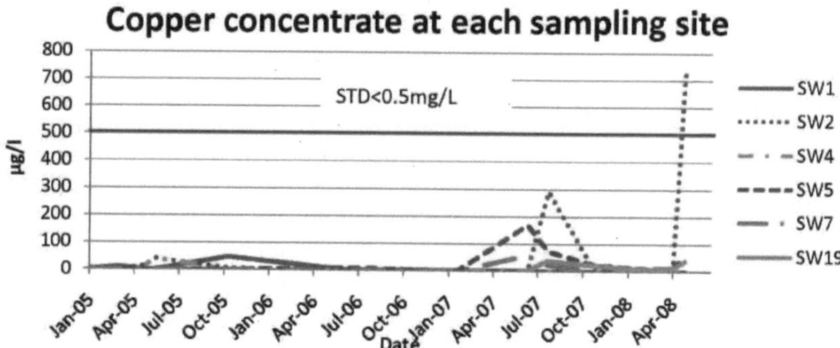

Figura 32 Concentrações de cobre nos pontos de amostragem

4.3.2.2 Chumbo (Pb)

A principal fonte natural de chumbo encontra-se no mineral galena (sulfureto de chumbo). Também ocorre como carbonato, como sulfato e em várias outras formas. A solubilidade destes minerais e também dos óxidos de chumbo e outros sais inorgânicos é baixa. As principais utilizações actuais do chumbo são as baterias, os pigmentos e outros produtos metálicos. No passado, o chumbo era utilizado como aditivo na gasolina e dispersava-se pelo ambiente no ar, nos solos e nas águas em resultado das emissões de gases de escape dos automóveis. Durante anos, esta foi a principal fonte de chumbo no ambiente. No entanto, desde a substituição da gasolina com chumbo por gasolina sem chumbo em meados da década de 1980, o chumbo proveniente dessa fonte praticamente desapareceu. A extração mineira, a fundição e outras emissões industriais, bem como as fontes de combustão e os incineradores de resíduos sólidos são agora as principais fontes de chumbo.

O chumbo não é um elemento essencial. Nos seres humanos, pode afetar os rins, o sangue e, sobretudo, o sistema nervoso e o cérebro. Mesmo níveis baixos no sangue têm sido associados a tensão arterial elevada e a efeitos na reprodução. É armazenado nos ossos.

O chumbo chega às massas de água através do escoamento urbano ou de descargas como as das estações de tratamento de águas residuais e das instalações industriais. Também pode ser transferido do ar para as águas superficiais através da precipitação (chuva). Tóxico para a vida vegetal e animal, a toxicidade do chumbo depende da sua solubilidade e esta, por sua vez, depende do pH e é afetada pela dureza.

4.3.2.3 Nitrito total/ Nitrato Azoto (N)

O nitrogénio é um dos elementos mais abundantes. Cerca de 80 por cento do ar que respiramos é azoto. Encontra-se nas células de todos os seres vivos e é um dos principais componentes das proteínas. O azoto inorgânico pode existir no Estado Livre como gás N_2, ou como nitrato NO_3^-, nitrito NO_2^- ou amoníaco NH_3.

Os compostos que contêm azoto actuam como nutrientes nos cursos de água, rios e reservatórios. As principais vias de entrada de azoto nas massas de água são as águas residuais municipais e industriais, as fossas sépticas, as descargas dos lotes de alimentos para animais, os resíduos animais (incluindo aves e peixes), o escoamento de campos agrícolas e relvados fertilizados e as descargas dos escapes dos automóveis. As bactérias na água convertem rapidamente os nitritos [NO_2^-] em nitratos [NO_3] e este processo consome oxigénio. Concentrações excessivas de nitritos podem produzir uma doença grave nos peixes chamada "doença do sangue castanho". Os nitritos também podem reagir diretamente com a hemoglobina no sangue dos seres humanos e de outros animais de sangue quente, produzindo metemoglobina. A metemoglobina destrói a capacidade dos glóbulos vermelhos de transportar oxigénio. Esta doença é especialmente grave em bebés com menos de três meses de idade. Provoca uma condição conhecida como metemoglobinemia ou doença do "bebé azul". A água com níveis de nitratos superiores a 1,0 mg/L não deve ser utilizada para alimentar bebés. Níveis elevados de nitratos na água potável podem causar perturbações digestivas nas pessoas. Níveis de nitritos/nitrogénio inferiores a 90 mg/L e níveis de nitratos inferiores a 0,5 mg/L parecem não ter qualquer efeito nos peixes de água quente.

O principal impacto dos nitratos/nitritos nas massas de água doce é o de enriquecimento ou fertilização, designado por eutrofização. Os nitratos estimulam o crescimento de algas e de outro plâncton que fornecem alimentos aos organismos superiores (invertebrados e peixes); no entanto, um excesso de azoto pode causar uma produção excessiva de plâncton e, à medida que este morre e se decompõe, consome o oxigénio, o que provoca a morte de outros organismos dependentes do oxigénio.

4.3.2.4 Azoto total Kjeldahl (N)

O azoto de Kjeldahl é o azoto que é calculado utilizando o método de Kjeldahl para determinar o teor de azoto em substâncias orgânicas e inorgânicas. Embora a técnica e os aparelhos tenham sido modificados ao longo dos anos, os princípios básicos introduzidos por Johan Kjeldahl ainda hoje se mantêm. O método de Kjeldahl consiste em três etapas principais: digestão, destilação e nitração.

4.3.2.5 Fósforo total (P)

Consulte (Kentucky Water Watch) O fósforo é um dos elementos-chave necessários para o crescimento de plantas e animais. Os fosfatos PO4 são formados a partir deste elemento. Os fosfatos existem em três formas: ortofosfato, metafosfato (ou polifosfato) e fosfato ligado organicamente. Cada composto contém fósforo numa fórmula química diferente. As formas orto são produzidas por processos naturais e encontram-se nos esgotos. As formas poli são utilizadas no tratamento de águas de caldeiras e em detergentes. Na água, transformam-se na forma orto. Os fosfatos orgânicos são importantes na natureza. A sua ocorrência pode resultar da decomposição de pesticidas orgânicos que contêm fosfatos. Podem existir em solução, como partículas, fragmentos soltos ou nos corpos dos organismos aquáticos.

A precipitação pode provocar a lavagem de quantidades variáveis de fosfatos dos solos agrícolas para os cursos de água próximos. Os fosfatos estimulam o crescimento do plâncton e das plantas aquáticas que servem de alimento aos peixes. Isto pode causar um aumento da população de peixes e melhorar a qualidade geral da água. No entanto, se um excesso de fosfato entrar no curso de água, as algas e as plantas aquáticas crescerão descontroladamente, sufocarão o curso de água e consumirão grandes quantidades de oxigénio. Esta situação é conhecida como eutrofização ou sobre-fertilização das águas receptoras. Este crescimento rápido da vegetação aquática acaba por morrer e, à medida que se decompõe, consome oxigénio. Este processo, por sua vez, provoca a morte da vida aquática devido à diminuição dos níveis de oxigénio dissolvido. No entanto, os resultados da área de estudo mostram que a concentração de fósforo na água é muito baixa. Não será grave para o atual projeto de desenvolvimento.

4.3.2.6 Mercúrio (Hg)

De acordo com o (Environment Canada), quase todos os compostos de mercúrio são tóxicos e podem ser perigosos a níveis muito baixos, tanto nos ecossistemas aquáticos como terrestres. Dado que o mercúrio é uma substância persistente, pode acumular-se, ou bioacumular-se, nos organismos vivos, infligindo níveis crescentes de danos a espécies de ordem superior, como peixes predadores e aves e mamíferos que se alimentam de peixes, através de um processo conhecido como "bio-magnificação". Embora os efeitos a longo prazo do mercúrio em ecossistemas inteiros não sejam claros, a sobrevivência de algumas populações afectadas e a biodiversidade global estão em risco.

4.4 Comparar os resultados com as normas e diretrizes disponíveis

As normas de qualidade das águas superficiais e as orientações de utilização para a empresa atual foram retiradas das orientações do Banco Mundial, da Ciência, Tecnologia e Ambiente do Laos (STEA) e da Agência de Proteção do Ambiente dos Estados Unidos (USEPA). A norma adicional é a norma tailandesa relativa às águas de superfície, retirada do departamento de controlo da poluição da Tailândia (PCD-2008). Ver mais pormenores no quadro de comparação abaixo. O quadro mostra apenas os valores máximo, mínimo e médio de cada parâmetro com as normas e diretrizes disponíveis, para ver quais cumprem a norma ou excedem a norma, para nos dar uma ideia rápida do sistema de gestão da água na mina de Phu Kham e das suas práticas. Note-se que este é apenas um comparativo nos pontos de amostragem SW2, para outros pontos de amostragem podem ser encontrados mais pormenores no apêndice A e no apêndice B. Devido ao facto de a maioria deles já cumprir estas normas e orientações.

Quadro 4.2: Quadro comparativo dos resultados em SW2 e normas

Parâmetros de qualidade da água	Unidade	Resultados da amostragem			Banco Mundial (1998)	THAI (2008)	STEA (1999)	USEAP (2004)
		Min.	Máximo.	Média				
pH		6.53	9.06	8.08	6 - 9	5 - 9	5 - 9	6.5-9
CBO	mg/L				50	2.0	-	-
COD	mg/L				250	-	-	-
TSS	mg/L				50	-	-	-
TDS	mg/L	67.6	575.7	151.3	-	-	1000	-
Fósforo total	mg/L	<0.1	4.8	0.57	2	-	-	-
NO3-N	C	<0.01	1.05	0.16	-	5.0	-	-
Arsénio	mg/L				0.1	-	0.01	0.34
Cobre	mg/L	<0.0001	0.734	0.078	0.5	0.1	0.1	0.013
Ferro	mg/L				3.5	-	-	-
Chumbo	mg/L	<0.0001	0.027	0.003	0.1	0.05	0.05	0.065
Mercúrio	mg/L	<0.0005	<0.0005	<0.0005	0.01	0.002	0.002	0.0014
Níquel	mg/L				0.5	-	0.1	0.47
Cianeto livre	mg/L				0.1		-	0.022

| Cianeto total | mg/L | | | | 1 | | 0.2 | - |
| Cianeto WAD | mg/L | | | | - | | 0.005 | - |

Conclusão e recomendação

Conclusão

Este estudo propôs-se avaliar a qualidade das águas superficiais com base nas práticas de gestão da água existentes na PKM. O estudo começa com a revisão de todos os dados relacionados com a qualidade da água, as actuais políticas ambientais, leis e regulamentos, incluindo o Sistema de Gestão Ambiental no capítulo 4 da Norma ISO14001.

Na fase inicial do estudo, foram selecionados 6 parâmetros físicos (pH, turvação, CE, ORP, TDS e temperatura) e 7 parâmetros químicos (NO3-N/NO2-N, Total Kjeldahl Nitrogen-N, P, Cu, Au, P e Hg). Ao longo da recolha e análise de dados, o estudo centrou-se mais em alguns parâmetros, como a turvação e a concentração de cobre. Devido ao facto de estes dois parâmetros terem efeitos potenciais na qualidade da água neste momento.

Os resultados revelaram uma turbidez muito diferente entre a montante e a jusante, por exemplo, a turbidez média a montante de Nam Gone (SW1) é de aproximadamente 20 NTU no período de 2005 a 2007, mas a jusante (SW2) é de 120 NTU. Para Nam Mo a montante (SW4), a turbidez é de 5 NTU, mas a jusante (SW19) é de 370 NTU. Esta figura mostra-nos claramente o impacto da erosão e da sedimentação na qualidade das águas superficiais e nos sistemas aquáticos. Caso contrário, esta quantidade de sedimentos encherá as albufeiras a jusante, como as albufeiras de Nam Ngum 2 e Nam Ngum 1, que constituem a principal fonte de energia hidroelétrica e de abastecimento de peixe para a parte central da RDP do Laos.

O concentrado de cobre na água é muito baixo em cada ponto de amostragem, com exceção de uma amostra recolhida em meados de maio de 2008, que está um pouco acima do padrão 734pg/L ou 0,734g/L (Cu padrão < 0,5mg/L). Para outros parâmetros, tais como CE, pH, P, N, Hg, etc., os valores são praticamente muito baixos em comparação com a norma. Para mais pormenores, ver os dados completos em anexo.

A revegetação/reabilitação e outros dispositivos de prática discutidos no capítulo 4 são excelentes práticas no local. (Figura 20) mostra a diminuição da turbidez no SW2. Para o ano de 2008, pode ser afetado por outro projeto devido ao facto de a montante de Nam Gnone (SW1) resultar uma turbidez muito elevada que terá um impacto direto a jusante.

Recomendação

Com o atual plano de actividades, o principal impacto da mina será o aumento da carga de sedimentos finos, que conduzirá a um aumento da turbidez na estação das chuvas nos rios Nam Gnone, Nam San e Nam Mo. Não se prevê que esta turbidez tenha um efeito substancial no Nam Ngum ou na albufeira. O princípio orientador do controlo da erosão e dos sedimentos para o Projeto Phu Bia Gold e Phu Kham Copper-Gold é a proteção da qualidade da água dos cursos de água e dos rios dentro e a jusante da Área do Projeto. Este objetivo deve ser alcançado através da separação permanente das principais áreas de perturbação em sistemas de captação e gestão interna da água (AARC, 2004).

As principais recomendações do presente relatório são as seguintes:

1) Se a empresa não desenvolver uma bacia de sedimentos em cada ponto de descarga antes da descarga em Nam San, devem ser construídas uma ou mais barragens de interceção de sedimentos no vale de Nam San para recolher os sedimentos potenciais da mina de Phu Kham.

2) A pedreira de Nam San (cerca de 100 metros a montante da junção de Nam Mo e Nam San) não foi considerada um problema de gestão no estudo anterior do Projeto de Cobre e Ouro de Phu Kham. Esta pedreira produz grande parte da carga de sedimentos para o rio Nam Mo. Se possível, seria bom encontrar outra pedreira alternativa, uma vez que esta zona tem um declive demasiado acentuado e está próxima das principais fontes de água.

3) Para reduzir a carga de sedimentos nos rios, será necessário instalar uma bacia de sedimentos em cada ponto de descarga. Esta prática é exigida por licença em locais dentro de estaleiros de construção onde a área total de drenagem perturbada em qualquer altura é de pelo menos 10 acres ou 4 hectares (John C. e Robert, 2002).

4) No que diz respeito aos metais pesados, deve ser efectuado um estudo específico mais aprofundado sobre a qualidade da água descarregada na fábrica de ouro de Phu Bia, a fim de encontrar as fontes de cobre e proceder a uma amostragem mais frequente para testar no estrangeiro, num local específico, se o resultado for superior à norma.

Referência

AARC, 2004. Phu Bia Gold ESIA, Austral Asian Resources Consultants P/L 2004

Dr. Raymond Martin, 1998. ISO 14001 Guidance Manual, National Center for Environment Decision-Making Research, Relatório Técnico NCER/98-06 (por Dr. Raymond Martin 1998)

Ian Rutherfurd, 2005. Estudo de hidrologia de cursos de água e transporte de sedimentos, novembro de 2005

Joanesburgo, 2002. Relatório da ASEAN para a Cimeira Mundial sobre Sustentabilidade 26 de agosto - 4 de setembro de 2002

John C. Price e Robert Karesh, 2002. MANUAL DE CONTROLO DA EROSÃO E DOS SEDIMENTOS DO TENNESSEE

Lawrence Wilson, 2008. Síndrome de toxicidade do cobre © revisto, outubro de 2008, The Center For Development (http://www.drlwilson.com/index.htm) visitado em 15/10/2008

Martin, 1998. ISO 14001 Guidance Manual, National Center for Environment Decision-Making Research (www.usistf.org/download/ISMS_Downloads/ISO14001.pdf)

NA-1996, 1997, 1999, 2001. Assembleia Nacional da RDP do Laos (www.na.gov.la)

NSC, 2006. Estatísticas nacionais da RDP do Laos http://www.nsc.gov.la/Statistics/Selected%20Statistics/Industry.htm)

Phu Kham ESIA, 2005. Avaliação de Impacto Ambiental e Social de Phu Kham Copper-Gold 2005, Earth System Laos

PCD, 2008. Departamento de Controlo da Poluição da Tailândia (http://www.pcd.go.th/info serv/en reg std water05.html#s3)

WEPA, 2008. Parceria para o Ambiente Hídrico na Ásia http://www.wepa-db.net/policies/structure/chart/laos/details.htm (visitado em 15/102008)

Apêndice A1: Dados de amostragem em SW1

D	Data de amostragem	Turb (NTU)	pH do campo	Cond. (ps/cm)	ORP (mv)	TDS (ppm)	Temperatura (°C)
SW1	05-Abr-05		7.39	214.20	61	138.20	19.2
SW1	07-Abr-05	5	7.62	216.80	80	138.20	19.8
SW1	08-maio-05	5	7.58	210.40	64	137.50	24.5
SW1	28-Nov-05	50	7.91	158.90	221	115.10	19.9
SW1	23-Abr-06	10	8.17	191.20	135	137.80	27.4
SW1	07-maio-06	5	8.09	168.20	23	120.40	26.2
SW1	14-maio-06	5	7.77	200.90	37	146.00	22.6
SW1	24-maio-06	5	7.04	101.40	89	72.77	21.7
SW1	31-maio-06	5	8.04	92.44	64	65.66	25.6
SW1	11-Jun-06	5	7.38	145.80	51	94.20	23.4
SW1	14-Jun-06	100	7.36	108.30	138	69.27	29.6
SW1	18-Jun-06	5	7.26	136.30	103	87.68	23.9
SW1	21-Jun-06	5	8.02	158.30	115	100.10	28.7
SW1	25-Jun-06	5	8.03	158.80	124	101.20	24.5

SW1	16-Jul-06	5	7.41	103.90	148	75.08	22.1
SW1	26-Jul-06		6.00	167.20	57	111.80	
SW1	23-Aug-06	5	8.50	114.60	96	73.24	21.7
SW1	27-Aug-06	5	7.06	128.60	200	83.22	21.6
SW1	30-Aug-06	5	7.89	122.80	118	79.34	22.3
SW1	03-Set-06	5	7.82	127.30	104	105.70	24.5
SW1	06-Set-06	5	7.22	128.50	-15	82.82	24.7
SW1	10-Set-06	5	7.15	129.00	15	83.31	21.9
SW1	13-Set-06	5	6.64	140.80	55	90.92	22.0
SW1	17-Set-06	5	6.92	133.10	92	84.73	23.7
SW1	20-Set-06	5	6.96	130.30	144	84.74	21.6
SW1	24-Set-06	5	6.89	122.30	96	78.75	23.4
SW1	27-Set-06	5	6.81	118.20	6	77.95	22.5
SW1	01-Out-06	5	6.99	144.40	-32	93.98	23.0
SW1	04-Out-06	5	6.92	136.50	-37	87.70	22.9

ID	Data de amostragem	Turb (NTU)	pH do campo	Cond. (ps/cm)	ORP (mv)	TDS (ppm)	Temperatura (°C)
SW1	08-Out-06	5	6.98	139.60	-52	90.01	24.0
SW1	11-Out-06	5	6.90	140.50	0	90.75	22.8
SW1	15-Out-06	5	6.98	147.00	-60	95.46	22.7
SW1	18-Out-06	5	7.09	168.10	-32	109.80	22.3

Apêndice A1: Dados de amostragem em SW1 (Cont.)

ID	Data de amostragem	Turb (NTU)	pH do campo	Cond. (ps/cm)	ORP (mv)	TDS (ppm)	Temperatura (°C)
SW1	22-Out-06	5	7.04	158.90	10	103.20	21.1
SW1	25-Out-06	5	7.07	188.30	207	103.10	22.4
SW1	29-Out-06	5	7.15	134.60	10	95.78	21.4
SW1	01-Nov-06	5	7.18	144.50	0	96.75	20.0
SW1	05-Nov-06	5	7.19	157.70	-58	105.90	20.7
SW1	12-Nov-06	80	7.22	162.80	53	109.40	21.1
SW1	15-Nov-06	5	7.27	161.70	-45	109.10	21.7
SW1	19-Nov-06	5	7.30	162.70	49	109.80	22.0
SW1	22-Nov-06	5	7.35	165.80	43	112.10	21.4
SW1	26-Nov-06	80	7.34	196.40	43	134.00	21.4
SW1	29-Nov-06	5	6.93	177.60	16	120.70	22.3

SW1	03-Dez-06	10	7.06	168.30	20	113.00	22.7
SW1	06-Dez-06	10	7.08	166.70	-9	112.70	22.4
SW1	10-Dez-06	10	6.69	168.40	-72	114.10	20.7
SW1	13-Dez-06	30	8.04	177.90	-44	116.90	20.6
SW1	17-Dez-06	5	7.21	171.20	-34	112.70	17.6
SW1	22-Jul-07	5	7.45	157.00	75.7	97.00	
SW1	29-Jul-07	5	7.43	142.00	31.2	90.00	25.3
SW1	01-Aug-07	5	7.69	132.00	12.6	66.00	22.5
SW1	05-Aug-07	5	7.63	148.00	18.6	73.00	24.9
SW1	08-Aug-07	5	7.75	145.00	5.8	75.00	22.1
SW1	12-Aug-07	5	6.76	119.00	33.4	58.00	22.2
SW1	15-Aug-07	300	6.54	87.00	92.7	43.00	23.4
SW1	19-Aug-07	5	6.98	126.00	-37.5	57.00	23.3
SW1	23-Aug-07	5	7.18	255.00	23.1	127.00	23.0
SW1	26-Aug-07	5	7.38	253.00	-35.8	128.00	22.3
SW1	29-Aug-07	300	7.77	190.00	74.6	98.00	23.0

SW1	02-Set-07	5	7.41	254.00	-15.2	125.00	23.2
SW1	05-Set-07	15	7.12	198.00	15.1	104.00	21.5
SW1	09-Set-07	5	7.06	216.00	-16.9	110.00	21.9
SW1	12-Set-07	5	6.94	213.00	8.9	106.00	22.2
SW1	16-Set-07	5	7.36	176.00	49.8	88.00	24.7
SW1	19-Set-07	20	7.38	192.00	74.8	96.00	22.6

ID	Data de amostragem	Turb (NTU)	pH do campo	Cond. (ps/cm)	ORP (mv)	TDS (ppm)	Temperatura (°C)
SW1	23-Set-07	80	7.10	175.00	37.2	90.00	21.0
SW1	26-Set-07	5	6.97	193.00	-37.8	97.00	21.6
SW1	30-Set-07	5	7.40	174.00	19.5	86.00	21.7
SW1	03-Out-07	5	7.36	181.00	-95.8	90.00	21.7
SW1	07-Out-07	25	7.25	139.00	-40.6	72.00	21.3
SW1	10-Out-07	5	6.98	175.00	-36.8	85.00	21.1
SW1	14-Out-07	10	7.73	219.00	-133.7	111.00	21.3
SW1	17-Out-07	5	7.36	181.00	-235.9	91.00	21.1
SW1	03-Jan-08	5	7.74	190.00	56.3	95.00	17.1
SW1	10-Jan-08	5	7.87	193.00	54.7	96.00	18.9

SW1	17-Jan-08	5	7.86	123.00	33.9	64.00	18.7
SW1	24-Jan-08	5	7.72	203.00	31.4	102.00	18.5
SW1	31-Jan-08	400	7.42	131.00	30.5	66.00	19.3
SW1	07-Fev-08	5	7.96	196.00	36.9	98.00	20.1
SW1	14-Fev-08	5	8.12	192.00	99.1	96.00	18.2
SW1	21-Fev-08	10	7.47	182.00	31.8	91.00	19.0
SW1	28-Fev-08	15	7.71	200.00	-16.3	100.00	20.0
SW1	06-Mar-08	40	7.59	241.00	10.3	120.00	19.1
SW1	13-Mar-08	300	8.14	220.00	20.4	110.00	21.3
SW1	20-Mar-08	250	8.04	179.00	12.5	90.00	21.4
SW1	27-Mar-08	100	7.30	220.00	2.4	110.00	21.8
SW1	03-Abr-08	150	8.06	207.00	-30.8	103.00	20.9
SW1	10-Abr-08	150	7.80	207.00	-15.4	104.00	24.5
SW1	17-Abr-08	100	8.23	240.00	27.4	120.00	23.5
SW1	24-Abr-08	400	7.92	123.00	58.9	63.00	22.5
SW1	01-maio-08	500	7.64	126.00	102.5	63.00	21.9
SW1	08-maio-08	70	8.14	142.00	12.6	71.00	24.0
SW1	15-maio-08	30	6.91	128.00	18.5	64.00	21.1

ID	Data de amostragem	Turb (NTUs)	pH do campo	Cond. (ps/cm)	ORP (mv)	TDS (ppm)	Temperatura (°C)
SW1	22-maio-08	250	7.98	92.00	7.6	64.00	22.7
SW1	29-maio-08	250	7.63	116.00	25.2	58.00	22.6
SW1	05-Jun-08	500	7.26		26.2		21.3
SW1	12-Jun-08	20	7.51	120.00	8.9	60.00	22.5
SW1	19-Jun-08	500	7.00	169.00	64.7	10.00	21.0

Apêndice A2: Dados de amostragem em SW2

ID	Data de amostragem	Turb (NTUs)	pH do campo	Cond. (ps/cm)	ORP (mv)	TDS (ppm)	Temperatura (°C)
SW2	05-Abr-05	500	7.67	273.80	101	176.20	21.6
SW2	07-Abr-05	150	7.64	279.90	88	188.70	19.8
SW2	09-Abr-05	110	7.79	289.10	118	186.30	27.4
SW2	11-Abr-05	95	7.57	292.20	144	189.00	21.4
SW2	13-Abr-05	60	7.71	273.90	128	175.30	24.9
SW2	15-Abr-05	70	7.73	276.10	109	176.90	27.0
SW2	19-Abr-05	90	7.78	281.70	116	179.90	26.5
SW2	21-Abr-05	270	7.83	280.30	97	178.50	26.5
SW2	23-Abr-05	100	8.07	281.20	60	177.50	29.0
SW2	27-Abr-05	100	8.30	288.10	144	189.40	24.8
SW2	29-Abr-05	500	7.78	172.10	130	112.60	22.0
SW2	01-maio-05	500	8.20	282.80	88	184.20	28.7
SW2	03-maio-05	150	8.14	284.40	75	184.20	29.2

SW2	05-maio-05	100	8.13	282.20	59	184.60	24.5
SW2	07-maio-05	150	8.17	282.50	138	184.30	25.7
SW2	09-maio-05	90	8.23	273.20	143	177.00	27.8
SW2	11-maio-05	90	8.23	292.00	116	189.60	27.8
SW2	17-maio-05	80	8.16	283.10	118	183.40	29.2
SW2	19-maio-05	150	8.07	269.60	84	189.80	27.6
SW2	21-maio-05	60	8.06	266.70	106	188.20	25.5
SW2	23-maio-05	300	7.96	255.50	108	178.60	29.1
SW2	25-maio-05	190	8.02	256.70	132	181.50	24.3
SW2	27-maio-05	200	7.99	261.00	132	185.00	23.4
SW2	29-maio-05	250	7.99	245.60	112	173.50	23.8
SW2	31-maio-05	250	8.15	256.20	124	171.40	26.9
SW2	02-Jul-05	500	7.82	148.10	125	95.19	23.2
SW2	06-Jul-05	110	7.69	154.10	93	98.72	25.8
SW2	08-Jul-05	62	7.83	161.50	146	103.60	24.9
SW2	10-Jul-05	110	7.84	167.20	196	109.70	24.0
SW2	16-Jul-05	110	7.84	171.70	129	110.50	26.3
SW2	18-Jul-05	100	7.75	170.20	223	110.10	22.2
SW2	20-Jul-05	150	7.92	193.60	213	156.60	23.7
SW2	07-Aug-05	200	7.67	130.00	255	93.26	22.6

ID	Data de amostragem	Turb (NTUs)	pH do campo	Cond. (ps/cm)	ORP (mv)	TDS (ppm)	Temperatura (°C)
SW2	25-Aug-05	500	7.69	108.40	155	77.91	22.3
SW2	27-Aug-05	500	7.80	117.60	200	84.18	24.7
SW2	29-Aug-05	320	7.88	119.00	224	85.28	23.8
SW2	01-Set-05	200	7.89	132.90	302	95.05	24.4
SW2	03-Set-05	90	7.92	139.50	252	98.78	24.9
SW2	05-Set-05	170	7.76	141.80	192	101.60	24.0
SW2	07-Set-05	30	7.42	119.20	152	85.57	25.0
SW2	07-Set-05	370	7.89	141.50	302	101.20	22.2
SW2	09-Set-05	500	7.67	143.90	259	103.20	25.1
SW2	13-Set-05	81	8.09	149.90	205	108.70	22.1
SW2	15-Set-05	10	7.97	150.80	225	109.10	22.4
SW2	17-Set-05	250	7.99	149.70	205	108.10	24.7
SW2	21-Set-05	165	7.83	154.30	155	111.30	22.6
SW2	23-Set-05	100	7.94	148.80	167	106.70	24.8
SW2	03-Out-05	300	7.94	146.10	187	104.80	24.1
SW2	05-Out-05	110	7.87	143.50	170	103.00	23.5
SW2	07-Out-05	97	7.66	147.20	168	105.60	24.5

SW2	09-Out-05	32	7.90	161.90	173	104.00	22.9
SW2	11-Out-05	5	7.86	164.20	93	106.00	22.8
SW2	13-Out-05	500	7.89	153.00	186	98.27	23.6
SW2	15-Out-05	100	7.95	171.10	100	110.10	23.3
SW2	17-Out-05	5	7.98	173.10	138	111.50	24.1
SW2	19-Out-05	5	7.84	155.10	148	111.50	22.0
SW2	21-Out-05	5	7.46	150.20	152	108.80	21.0
SW2	23-Out-05	15	7.79	163.80	162	118.10	21.0
SW2	27-Out-05	5	7.06	150.80	148	105.40	21.6
SW2	02-Nov-05	45	7.98	170.90	114	124.40	21.0
SW2	04-Nov-05	5	8.02	173.00	162	126.00	21.1
SW2	06-Nov-05	10	7.91	175.90	157	128.00	21.6
SW2	08-Nov-05	10	7.91	175.70	140	127.60	22.2
SW2	10-Nov-05	10	7.99	177.70	66	128.60	23.7
SW2	12-Nov-05	500	7.95	163.10	63	118.50	22.8
SW2	14-Nov-05	35	7.99	179.50	58	130.30	23.4

ID	Data de amostragem	Turb (NTUs)	pH do campo	Cond. (ps/cm)	ORP (mv)	TDS (ppm)	Temperatura (°C)
SW2	16-Nov-05	10	8.07	181.00	40	131.60	22.4
SW2	18-Nov-05	10	8.02	157.80	89	128.10	22.0
SW2	20-Nov-05	140	8.11	185.30	211	134.70	22.7
SW2	22-Nov-05	5	8.16	183.30	108	133.30	20.2
SW2	24-Nov-05	15	8.18	184.20	118	133.90	22.4
SW2	28-Nov-05	20	8.22	189.00	136	137.40	23.4
SW2	30-Nov-05	5	8.21	187.80	99	138.30	21.1
SW2	02-Dez-05	14	8.16	192.10	141	139.80	22.1
SW2	04-Dez-05	5	8.21	192.50	194	140.20	22.9
SW2	08-Dez-05	5	8.20	194.20	212	141.60	21.4
SW2	10-Dez-05	5	8.19	195.90	270	142.80	21.7
SW2	12-Dez-05	5	8.45	197.80	244	144.10	21.2
SW2	14-Dez-05	5	8.51	198.60	177	145.50	19.3
SW2	16-Dez-05	5	8.53	197.80	172	145.20	19.0
SW2	18-Dez-05	5	8.15	199.20	63	146.70	18.5

SW2	20-Dez-05	5	7.91	220.70	101	144.90	16.3
SW2	01-Jan-06	5	8.15	227.60	177	147.30	23.2
SW2	04-Jan-06	5	7.42	207.10	387	150.20	19.1
SW2	11-Jan-06	5	8.19	208.50	99	151.50	21.5
SW2	15-Jan-06	5	7.98	214.60	9	156.90	24.0
SW2	19-Jan-06	5	8.32	220.80	32	162.60	16.9
SW2	22-Jan-06	5	8.45	224.10	156	162.70	23.5
SW2	25-Jan-06	5	8.35	225.20	104	163.40	23.6
SW2	29-Jan-06	5	8.42	226.90	31	164.40	24.2
SW2	05-Fev-06	10	8.19	228.30	-16	165.30	24.2
SW2	08-Fev-06	5	8.33	229.70	140	167.20	21.9
SW2	12-Fev-06	5	8.35	230.30	168	168.20	20.0
SW2	15-Fev-06	5	8.73	232.10	27	168.50	24.5
SW2	19-Fev-06	5	8.57	236.60	-15	171.40	23.8
SW2	22-Fev-06	5	8.59	235.70	-526	171.10	22.6
SW2	26-Fev-06	5	8.61	243.70	52	175.80	25.3

| SW2 | 01-Mar-06 | 5 | 8.77 | 247.10 | 138 | 179.40 | 22.5 |
| SW2 | 05-Mar-06 | 5 | 8.47 | 245.90 | 220 | 178.40 | 22.2 |

ID	Data de amostragem	Turb (NTUs)	pH do campo	Cond. (ps/cm)	ORP (mv)	TDS (ppm)	Temperatura (°C)
SW2	08-Mar-06	5	8.69	244.40	177	575.70	27.4
SW2	12-Mar-06	5	8.62	244.10	167	177.20	23.5
SW2	15-Mar-06	5	8.46	249.00	124	179.50	27.0
SW2	19-Mar-06	5	8.39	254.80	134	184.40	24.8
SW2	22-Mar-06	150	8.35	250.40	129	180.70	26.7
SW2	26-Mar-06	5	8.44	249.50	107	179.50	26.8
SW2	29-Mar-06	500	8.14	194.60	112	142.10	21.3
SW2	05-Abr-06	5	8.17	253.20	128	184.10	23.1
SW2	09-Abr-06	100	8.29	240.80	104	172.70	28.2
SW2	12-Abr-06	5	8.26	249.90	113	179.20	29.2
SW2	16-Abr-06	10	8.29	254.00	132	184.50	23.4
SW2	19-Abr-06	500	8.35	221.00	103	160.50	23.2

SW2	23-Abr-06	150	8.55	250.70	137	182.40	22.7
SW2	26-Abr-06	100	8.32	250.40	77	180.00	26.7
SW2	30-Abr-06	500	8.32	184.20	184	133.30	23.4
SW2	03-maio-06	40	8.60	248.20	132	179.40	23.6
SW2	07-maio-06	200	8.36	243.90	105	176.20	23.8
SW2	10-maio-06	80	8.67	253.10	45	183.30	23.8
SW2	14-maio-06	500	8.69	276.20	68	200.30	25.4
SW2	17-maio-06	500	8.58	246.60	125	178.40	22.4
SW2	21-maio-06	70	8.73	249.80	111	180.00	25.3
SW2	24-maio-06		8.52	311.60	156	225.50	25.5
SW2	25-maio-06	50	8.38	225.10	85	162.80	24.8
SW2	31-maio-06	100	8.25	219.50	98	159.30	23.6
SW2	04-Jun-06	500	8.53	338.10	176	248.50	23.1
SW2	11-Jun-06	80	8.79	421.50	173	276.30	27.7
SW2	14-Jun-06	50	8.74	519.60	185	338.20	27.0

SW2	21-Jun-06	13	8.75	294.30	227	191.80	23.8
SW2	25-Jun-06	50	8.79	317.40	195	207.70	24.1
SW2	28-Jun-06	150	8.96	308.80	126	225.00	24.4
SW2	02-Jul-06	200	8.88	256.20	138	184.70	26.6
SW2	12-Jul-06	500	8.62	198.70	142	144.70	22.0
SW2	16-Jul-06	200	9.06	189.70	158	137.70	22.6

ID	Data de amostragem	Turb (NTUs)	pH do campo	Cond. (ps/cm)	ORP (mv)	TDS (ppm)	Temperatura (°C)
SW2	19-Jul-06		7.94	103.80	221	131.80	26.6
SW2	23-Jul-06		8.28	363.80	69	247.50	
SW2	26-Jul-06		6.53	349.90	17	240.50	
SW2	30-Aug-06	150	9.04	222.50	86	146.40	23.3
SW2	03-Set-06	100	8.86	162.90	106	67.63	24.6
SW2	06-Set-06	53	8.15	162.10	104	105.40	22.5

SW2	10-Set-06	500	7.15	183.00	86	120.00	22.8
SW2	13-Set-06	20	7.80	238.70	72	156.80	24.2
SW2	17-Set-06	40	7.95	239.00	66	157.00	24.0
SW2	20-Set-06	60	7.79	201.40	125	136.70	24.3
SW2	24-Set-06	40	7.92	246.10	70	162.20	22.4
SW2	27-Set-06	30	7.85	274.40	82	278.00	23.2
SW2	01-Out-06	30	7.69	212.20	36	138.90	24.0
SW2	04-Out-06	500	7.82	217.10	13	143.00	23.0
SW2	08-Out-06	500	7.95	216.10	0	141.60	25.7
SW2	11-Out-06	500	7.77	219.80	0	114.70	24.0
SW2	15-Out-06	5	7.48	225.40	25	148.50	23.7
SW2	18-Out-06	10	7.74	231.20	0	151.80	24.7

SW2	22-Out-06	50	7.31	172.80	128	112.60	24.7
SW2	25-Out-06	30	7.76	192.90	144	127.30	27.4
SW2	29-Out-06	125	7.87	219.70	46	140.90	21.5
SW2	01-Nov-06	25	7.85	218.00	45	148.90	20.6
SW2	05-Nov-06	40	7.85	218.20	0	148.30	21.2
SW2	12-Nov-06	300	7.84	203.60	62	137.90	26.5
SW2	15-Nov-06	5	7.85	226.40	43	154.80	20.5
SW2	19-Nov-06	30	7.99	226.90	74	155.90	20.0
SW2	22-Nov-06	200	7.41	228.00	217	155.20	20.4
SW2	26-Nov-06	60	7.88	211.30	160	145.50	18.0
SW2	29-Nov-06	68	7.30	214.80	42	146.80	24.7
SW2	03-Dez-06	25	7.37	232.80	528	160.00	22.4

ID	Data de amostragem	Turb (NTUs)	pH do campo	Cond. (ps/cm)	ORP (mv)	TDS (ppm)	Temperatura (°C)
SW2	06-Dez-06	200	7.78	243.50	534	165.80	21.7
SW2	10-Dez-06	40	7.72	223.80	46	153.50	20.4
SW2	13-Dez-06	30	8.29	130.40	54		

ID	Data de amostragem	Turb (NTUs)	pH do campo	Cond. (ps/cm)	ORP (mv)	TDS (ppm)	Temperatura (°C)
SW2	17-Dez-06	75	8.23	257.00	19	169.60	21.2
SW2	22-Jul-07	300	8.27	270.00	169.9	170.00	
SW2	25-Jul-07	25	8.54	245.00	101.9	170.00	21.3
SW2	29-Jul-07	20	8.17	239.00	69.9	120.00	23.5
SW2	01-Aug-07	300	8.85	269.00	26.3	135.00	22.5
SW2	05-Aug-07	60	8.60	235.00	30.9	118.00	22.6
SW2	08-Aug-07	400	8.75	268.00	26.9	134.00	22.5
SW2	15-Aug-07	300	7.58	136.00	9.3	68.00	23.4
SW2	19-Aug-07	30	8.34	215.00	-10.3	108.00	22.2
SW2	26-Aug-07	100	8.26	402.00	46.6	201.00	22.4

SW2	29-Aug-07	40	8.25	405.00	-9.6	202.00	22.3
SW2	02-Set-07	40	8.10	221.00	-29.3	110.00	23.5
SW2	05-Set-07	450	7.10	216.00	23.6	108.00	22.5
SW2	09-Set-07	300	7.92	196.00	27.1	98.00	22.9
SW2	12-Set-07	150	7.95	166.00	25.8	133.00	22.7
SW2	16-Set-07	20	8.33	275.00	54.4	137.00	23.6
SW2	19-Set-07	300	8.28	308.00	81.9	154.00	22.4
SW2	23-Set-07	20	7.38	189.00	20.2	99.00	25.6
SW2	26-Set-07	15	7.70	283.00	-7.3	142.00	22.2
SW2	30-Set-07	8	8.34	258.00	78.4	129.00	21.6
SW2	03-Out-07	5	7.88	252.00	71.7	126.00	22.6
SW2	07-Out-07	150	8.24	292.00	50.2	146.00	21.9
SW2	10-Out-07	30	8.19	299.00	7.8	150.00	21.9
SW2	14-Out-07	25	8.16	226.00	-114	120.00	21.4

SW2	17-Out-07	5	8.20	265.00	-200.2	132.00	20.8
SW2	03-Jan-08	10	4.84*	278.00	155.2	139.00	17.4
SW2	10-Jan-08	20	8.18	263.00	146.7	131.00	19.8
SW2	17-Jan-08	10	8.07	265.00	42.5	133.00	21.7
SW2	24-Jan-08	5	7.09	152.00	52.5	76.00	19.0
SW2	31-Jan-08	200	7.49	255.00	43.4	128.00	20.6
SW2	07-Fev-08	25	8.38	278.00	38.1	139.00	19.4
SW2	14-Fev-08	30	8.29	275.00	20.1	138.00	22.0
SW2	21-Fev-08	5	8.10	268.00	0.4	134.00	19.8

ID	Data de amostragem	Turb (NTUs)	pH do campo	Cond. (ps/cm)	ORP (mv)	TDS (ppm)	Temperatura (°C)
SW2	28-Fev-08	5	7.79	22.80	31.9	114.00	20.1
SW2	06-Mar-08	10	8.00	332.00	39.9	166.00	19.0
SW2	13-Mar-08	5	8.60	281.00	31.2	141.00	26.4
SW2	20-Mar-08	400	8.33	273.00	-11.7	137.00	26.4
SW2	27-Mar-08	100	7.68	312.00	49.47	156.00	22.5
SW2	03-Abr-08	150	8.34	311.00	68.7	156.00	22.6
SW2	10-Abr-08	20	8.22	302.00	30.4	151.00	25.1

SW2	17-Abr-08	70	8.64	353.00	23	177.00	23.0
SW2	24-Abr-08	500	8.05	268.00	58.4	134.00	22.5
SW2	01-maio-08	400	8.15	294.00	91.9	147.00	22.2
SW2	08-maio-08	80	8.14	257.00	41.2	129.00	23.3
SW2	15-maio-08	25	7.41	252.00	19.5	254.00	22.2
SW2	22-maio-08	500	8.90	379.00	16.1	188.00	22.7
SW2	29-maio-08	150	8.13	543.00	48.6	266.00	22.8
SW2	05-Jun-08	500	8.11	238.00	-21.9	119.00	21.8
SW2	10-Jun-08	300	8.49	376.00	81.2	186.00	25.5
SW2	12-Jun-08	40	7.91	262.00	34.6	131.00	23.0
SW2	19-Jun-08	500	8.15	176.00	97.6	88.00	21.9
SW2	26-Jun-08	80	6.99	139.00	11.7	68.00	22.8
Miximum		*500*	*9.06*	*543*	*534*	*575.7*	*29.2*
Mínimo		*5*	*6.53*	*22.8*	*-526*	*67.63*	*16.3*
Média		*130.41*	*8.08*	*229.33*	*104.95*	*151.32*	*23.31*

Apêndice A3: Dados de amostragem em SW4

ID	Data de amostragem	Turb (NTU)	pH do campo	Cond. (ps/cm)	ORP (mv)	TDS (ppm)	Temperatura (°C)
SW4	09-Abr-05	5	7.64	77.36	112	48.74	20.4
SW4	08-maio-05	5	8	74.57	131	48.35	22.9
SW4	29-Out-05	5	7.76	48.83	137	34.99	22.6
SW4	28-Nov-05	5	7.99	51.9	199	37.63	18.1

SW4	18-Jun-06	5	8.68	116	140	74.6	22.9
SW4	01-Nov-06	5	7.9	69	125	47	20.5
SW4	15-maio-08	5	7.98	78	-19.4	143	28.7
Miximum		5	*8.68*	*116*	*199*	*143*	*28.7*
Mínimo		5	*7.64*	*48.83*	*-19.4*	*34.99*	*18.1*
Média		5	*7.99*	*73.67*	*117.80*	*62.04*	*22.3*

Apêndice A4: Dados de amostragem em SW5

ID	Data de amostragem	Turb (NTU)	pH do campo	Cond. (ps/cm)	ORP (mv)	TDS (ppm)	Tempera tura (°C)
SW5	9-Abr-05	170	7.63	169.50	127	107.00	21.8
SW5	8-maio-05	250	8.08	162.70	122	105.30	23.7
SW5	17-Out-05	100	7.93	95.17	162	60.78	26.4
SW5	25-Out-05	20	7.93	88.55	121	50.46	22.1
SW5	29-Out-05	300	7.97	89.96	162	63.96	25.6
SW5	31-Out-05	20	7.99	90.40	171	64.68	21.9
SW5	8-Nov-05	500	7.91	88.19	82	62.91	25.5
SW5	16-Nov-05	500	7.82	91.35	152	65.20	25.4
SW5	22-Nov-05	46	8.03	99.59	174	71.40	22.7
SW5	28-Nov-05		7.90	99.94	225	71.97	20.2
SW5	6-Dez-05	50	8.11	103.10	112	73.79	23.4
SW5	14-Dez-05	7	8.31	105.60	165	75.80	22.1
SW5	20-Dez-05	10	8.19	107.00	127	76.98	20.7
SW5	11-Jan-06	5	8.09	115.50	51	83.29	19.6
SW5	18-Jan-06	5	8.04	117.80	184	85.09	18.7

SW5	25-Jan-06	5	8.07	120.80	78	87.20	19.0
SW5	1-Fev-06	5	7.99	121.90	124	87.94	19.1
SW5	8-Fev-06	5	8.15	125.00	115	90.88	19.1
SW5	15-Fev-06	7	8.24	127.70	82	92.21	18.7
SW5	22-Fev-06	5	8.39	134.80	43	95.98	26.8
SW5	1-Mar-06	5	8.44	134.50	157	96.48	22.4
SW5	8-Mar-06	10	8.29	136.70	205	98.08	22.8
SW5	15-Mar-06	5	8.16	139.10	141	99.93	22.3
SW5	22-Mar-06	300	8.18	142.30	140	102.30	22.5
SW5	29-Mar-06	400	8.30	144.60	126	103.40	25.6
SW5	5-Abr-06	10	8.25	156.50	88	111.50	24.4
SW5	12-Abr-06	10	8.19	154.20	110	110.80	25.1
SW5	19-Abr-06	500	8.71	156.40	118	112.20	26.5
SW5	26-Abr-06	5	8.35	196.20	76	141.50	25.8
SW5	3-maio-06	500	8.69	164.20	106	117.00	29.0
SW5	10-maio-06	300	8.70	173.20	103	123.90	28.0
SW5	17-maio-06	500	8.56	165.70	115	118.90	25.2
SW5	24-maio-06	500	8.52	131.20	117	93.94	24.3
SW5	31-maio-06	500	9.34	158.00	139	122.90	27.6
SW5	14-Jun-06	20	8.95	184.20	128	117.50	30.8
SW5	18-Jun-06	40	9.11	183.80	190	117.60	29.5
SW5	21-Jun-06	500	7.40	173.20	201	111.20	26.3
SW5	28-Jun-06	80	9.35	172.70	127	123.30	28.8
SW5	12-Jul-06	500	8.08	97.57	162	69.63	24.8

ID	Data de amostragem	Turb (NTU)	pH do campo	Cond. (ps/cm)	ORP (mv)	TDS (ppm)	Tempera tura (°C)
SW5	26-Jul-06		6.24	202.30	134	136.70	
SW5	23-Aug-06	500	8.72	115.40	126	74.46	23.8
SW5	30-Aug-06	500	8.74	118.80	133	76.92	24.2
SW5	6-Set-06	500	8.00	112.50	83	72.52	26.6
SW5	13-Set-06	500	7.24	118.50	103	76.75	23.4
SW5	20-Set-06	500	7.43	120.90	114	78.18	24.4
SW5	27-Set-06	400	7.50	126.10	101	81.52	25.2
SW5	4-Out-06	500	7.49	122.60	74	97.31	24.9
SW5	11-Out-06	500	7.71	137.20	110	88.73	25.1
SW5	18-Out-06	150	7.77	138.00	107	89.02	25.0
SW5	25-Out-06	500	7.33	132.40	234	85.70	25.0
SW5	1-Nov-06	500	7.44	134.60	196	89.62	24.3
SW5	15-Nov-06	500	7.43	129.00	68	86.33	24.5
SW5	22-Nov-06	500	4.48	141.60	164	94.77	24.0
SW5	29-Nov-06	100	7.43	144.60	19	96.91	23.7
SW5	6-Dez-06	500	7.41	141.20	74	94.73	22.8
SW5	13-Dez-06	135	8.38	151.30	51	98.02	23.9
SW5	22-Jul-07	500	8.03	148.00	173.1	120.00	
SW5	29-Jul-07	500	8.37	197.00	41.4	94.00	28.3
SW5	1-Aug-07	350	8.36	178.00	13.9	89.00	25.1
SW5	5-Aug-07	500	8.38	186.00	16.3	93.00	28.0

SW5	8-Aug-07	400	7.33	194.00	13.4	97.00	25.5
SW5	12-Aug-07	500	8.23	165.00	6.8	146.00	23.0
SW5	15-Aug-07	500	8.05	162.00	15.6	81.00	26.1
SW5	19-Aug-07	400	8.04	158.00	40.3	789.00	25.6
SW5	23-Aug-07	500	7.68	288.00	20.25	144.00	22.9
SW5	26-Aug-07	50	7.25	238.00	7.3	118.00	23.9
SW5	30-Aug-07	500	7.92	276.00	-18.7	138.00	26.6
SW5	2-Set-07	400	8.02	313.00	15.2	157.00	26.0
SW5	5-Set-07	500	7.77	268.00	-51.5	134.00	26.2
SW5	9-Set-07	50	7.72	175.00	-20.1	88.00	24.5
SW5	12-Set-07	500	7.34	261.00	46.4	130.00	27.1
SW5	16-Set-07	500	7.93	198.00	63.3	99.00	27.3
SW5	19-Set-07	500	7.49	173.00	14.2	87.00	25.8
SW5	23-Set-07	500	7.65	188.00	-21.7	94.00	26.2
SW5	26-Set-07	500	7.33	201.00	-50.7	100.00	26.1
SW5	30-Set-07	500	7.04	187.00	22.6	93.00	26.6
SW5	3-Out-07	200	7.91	194.00	46.9	97.00	24.4
SW5	7-Out-07	500	7.45	190.00	25.8	95.00	25.5

ID	Data de amostragem	Turb (NTU)	pH do campo	Cond. (ps/cm)	ORP (mv)	TDS (ppm)	Temperatura (°C)
SW5	10-Out-07	500	8.22	265.00	38.8	98.00	22.1
SW5	14-Out-07	500	8.23	246.00	-113.2	123.00	25.3
SW5	17-Out-07	500	7.97	207.00	-152	103.00	24.3

SW5	3-Jan-08	80	7.99	200.00	77.6	101.00	20.1
SW5	10-Jan-08	200	8.15	204.00	66.2	102.00	22.6
SW5	17-Jan-08	40	8.15	211.00	15.5	105.00	22.1
SW5	24-Jan-08	500	8.02	218.00	70.8	109.00	23.1
SW5	31-Jan-08	500	7.57	208.00	63.2	103.00	21.2
SW5	7-Fev-08	100	8.24	223.00	31.5	112.00	24.0
SW5	14-Fev-08	10	8.29	219.00	14.5	109.00	21.1
SW5	22-Fev-08	5	8.47	217.00	57.6	108.00	17.1
SW5	28-Fev-08	400	7.75	206.00	14.9	103.00	23.5
SW5	13-Mar-08	50	8.09	234.00	-17.3	117.00	24.3
SW5	20-Mar-08	500	7.67	241.00	-16.3	120.00	25.4
SW5	27-Mar-08	500	7.19	321.00	-20.6	160.00	25.5
SW5	3-Abr-08	500	8.00	281.00	-44.4	141.00	25.9
SW5	10-Abr-08	20	7.25	317.00	-58.7	159.00	16.6
SW5	17-Abr-08	500	7.88	362.00	-5.5	180.00	25.3
SW5	24-Abr-08	500	6.08	316.00	75.7	160.00	25.2
SW5	1-maio-08	500	7.91	266.00	27.8	123.00	27.9
SW5	8-maio-08	450	7.79	249.00	78.7	124.00	28.1
SW5	15-maio-08	140	7.80	287.00	10.2	143.00	28.7
SW5	22-maio-08	400	8.21	282.00	7.7	141.00	30.6
SW5	25-maio-08	200	7.61	253.00	-66.3	127.00	30.2
SW5	29-maio-08	400	7.58	257.00	2.5	128.00	30.5
SW5	5-Jun-08	500	7.87	185.00	-45.5	92.00	26.0
SW5	12-Jun-08	300	7.54	220.00	37.1	110.00	29.6
SW5	19-Jun-08	500	7.07	125.00	49.5	63.00	23.9

ID	Data de amostragem						
SW5	26-Jun-08	80	7.06	189.00	48	94.00	29.0
Miximum		*500*	*9.35*	*362*	*234*	*789*	*30.8*
Mínimo		*5*	*4.48*	*88.19*	*-152*	*50.46*	*16.61*
Média		*307*	*7.91*	*178.06*	*71.84*	*109.57*	*24.62*

Apêndice A5: Dados de amostragem em SW7

ID	Data de amostragem	Turb (NTU)	pH do campo	Cond. (ps/cm)	ORP (mv)	TDS (ppm)	Tempera tura (°C)
SW7	5-Abr-05	37	7.27	114.90	72.83	109.00	20.5
SW7	7-Abr-05	29	7.83	115.30	88	72.84	22.2
SW7	9-Abr-05	18	7.83	118.20	111	74.54	22.9
SW7	11-Abr-05	5	7.73	119.30	115	75.09	24.0
SW7	13-Abr-05	10	7.19	110.80	133	69.58	24.1
SW7	15-Abr-05	5	7.70	110.50	179	69.55	23.9
SW7	19-Abr-05	5	8.19	118.10	118	74.08	26.6
SW7	21-Abr-05	6	8.15	110.80	115	66.85	28.5
SW7	23-Abr-05	10	8.09	119.20	25	74.60	24.6
SW7	25-Abr-05	6	8.03	121.30	59	75.85	24.5
SW7	27-Abr-05	5	8.03	120.20	149	78.02	23.9

SW7	29-Abr-05	500	7.36	53.42	140	34.75	23.6
SW7	1-maio-05		8.12	119.40	75	77.50	23.7
SW7	3-maio-05	6	8.43	115.90	82	74.53	26.5
SW7	5-maio-05	130	8.56	116.60	58	74.70	28.1
SW7	7-maio-05	30	8.15	124.50	63	80.56	23.9
SW7	9-maio-05	50	8.26	115.90	142	72.75	24.4
SW7	11-maio-05	5	8.32	112.30	114	78.68	24.4
SW7	13-maio-05	250	8.09	102.50	107	65.87	26.9
SW7	17-maio-05	45	8.75	122.40	90	78.28	29.7
SW7	19-maio-05	30	8.38	115.50	65	80.11	27.1
SW7	21-maio-05	60	8.09	103.00	91	71.90	24.3
SW7	23-maio-05	100	8.45	102.50	90	71.24	28.4
SW7	27-maio-05	75	8.57	113.90	78	78.94	28.4
SW7	29-maio-05	350	7.50	65.44	74	45.86	
SW7	31-maio-05	390	8.01	127.60	116	82.11	23.6

ID	Data de amostragem	Turb (NTU)	pH do campo	Cond. (ps/cm)	ORP (mv)	TDS (ppm)	Temperatura (°C)
SW7	2-Jul-05	350	7.35	112.80	122	71.93	24.6
SW7	4-Jul-05	125	7.60	130.10	200	84.13	25.5
SW7	6-Jul-05	75	7.34	148.10	126	94.25	27.3
SW7	8-Jul-05	30	7.73	106.30	133	68.24	24.6
SW7	10-Jul-05	80	7.89	109.70	149	70.54	23.9
SW7	12-Jul-05	35	8.09	105.50	145	67.79	24.4
SW7	14-Jul-05	60	8.12	105.60	77	67.86	23.7

ID	Data de amostragem	Turb (NTU)	pH do campo	Cond. (ps/cm)	ORP (mv)	TDS (ppm)	Temperatura (°C)
SW7	16-Jul-05	25	8.34	104.30	156	66.92	25.1
SW7	18-Jul-05	25	7.64	125.70	220	80.70	25.6
SW7	20-Jul-05	90	7.55	134.10	217	85.86	25.8
SW7	22-Jul-05	500	7.12	139.30	248	89.12	25.8
SW7	24-Jul-05	450	7.07	131.00	279	83.94	25.8
SW7	26-Jul-05	450	7.25	133.80	278	85.62	26.5
SW7	28-Jul-05	140	7.25	246.60	300	93.28	29.3
SW7	30-Jul-05		7.75	108.30	233	77.35	26.3
SW7	1-Aug-05	280	7.77	110.90	261	79.45	23.6
SW7	3-Aug-05	300	7.56	109.10	243	77.78	26.0

SW7	5-Aug-05	290	7.36	102.20	255	73.62	24.0
SW7	11-Aug-05	75	7.49	125.10	271	89.50	22.0
SW7	13-Aug-05	350	7.44	94.03	260	67.31	24.2
SW7	15-Aug-05	180	7.27	89.57	255	64.10	23.6
SW7	19-Aug-05	500	7.34	75.64	297	54.37	22.8
SW7	21-Aug-05	500	7.18	86.95	296	62.07	23.6
SW7	23-Aug-05	400	7.26	94.68	258	67.85	24.6
SW7	25-Aug-05	250	7.25	106.10	136	75.77	25.3
SW7	27-Aug-05	80	7.21	104.30	107	74.72	23.8
SW7	29-Aug-05	150	7.65	64.93	177	46.70	22.5
SW7	1-Set-05	45	7.44	76.05	232	54.64	23.0
SW7	3-Set-05	150	7.21	90.14	258	64.70	23.0
SW7	5-Set-05	160	7.45	89.94	180	65.96	25.9
SW7	7-Set-05	450	7.35	83.88	298	57.95	23.7
SW7	9-Set-05	75	7.66	91.56	183	65.89	22.8
SW7	11-Set-05	500	7.21	126.90	234	91.19	26.1
SW7	13-Set-05	105	7.91	80.38	217	57.76	22.5
SW7	15-Set-05	110	7.92	80.78	174	58.01	23.0
SW7	17-Set-05	180	8.13	79.39	196	56.69	25.9
SW7	19-Set-05	210	8.06	112.30	206	80.52	22.3
SW7	21-Set-05	190	7.94	96.84	164	69.29	24.4

| SW7 | 23-Set-05 | 180 | 7.91 | 92.94 | 155 | 66.43 | 24.9 |
| SW7 | 3-Out-05 | 85 | 7.74 | 87.22 | 154 | 62.48 | 24.0 |

ID	Data de amostragem	Turb (NTU)	pH do campo	Cond. (ps/cm)	ORP (mv)	TDS (ppm)	Temperatura (°C)
SW7	5-Out-05	75	7.97	108.00	149	77.21	25.2
SW7	7-Out-05	22	7.31	85.26	168	61.62	21.9
SW7	9-Out-05	18	7.37	97.02	175	62.55	21.3
SW7	11-Out-05	5	7.78	94.56	132	61.25	23.5
SW7	13-Out-05	30	7.85	96.42	137	61.76	23.5
SW7	15-Out-05	34	7.78	100.30	153	64.29	24.8
SW7	17-Out-05	5	8.08	83.27	177	53.47	23.9
SW7	19-Out-05	5	8.18	74.62	114	50.13	23.1
SW7	23-Out-05	15	8.21	74.89	139	53.41	23.3
SW7	25-Out-05	13	8.04	74.94	153	89.07	25.2
SW7	27-Out-05	6	8.12	75.30	135	53.72	24.0
SW7	29-Out-05	15	7.97	75.76	181	53.97	23.8
SW7	31-Out-05	10	7.97	75.23	156	53.99	24.9
SW7	2-Nov-05	7	7.99	75.49	72	54.15	23.0
SW7	4-Nov-05	10	7.92	83.01	97	58.27	24.2

SW7	6-Nov-05	30	8.03	77.36	103	55.28	25.0
SW7	8-Nov-05	100	8.02	76.65	84	54.82	24.0
SW7	10-Nov-05	35	7.95	76.31	89	55.25	24.7
SW7	12-Nov-05	150	7.81	69.46	75	49.66	24.7
SW7	14-Nov-05	40	8.02	82.03	106	58.68	24.5
SW7	16-Nov-05	50	7.93	80.29	120	57.50	23.3
SW7	18-Nov-05	25	8.19	80.35	127	57.44	24.0
SW7	20-Nov-05	40	8.25	80.07	77	57.51	22.4
SW7	22-Nov-05	5	8.06	78.78	135	56.68	21.0
SW7	24-Nov-05	5	7.79	78.98	119	57.23	17.2
SW7	26-Nov-05	5	8.28	79.56	100	57.18	21.3
SW7	28-Nov-05		8.09	80.28	206	57.84	20.0
SW7	30-Nov-05	80	8.35	80.28	140	75.66	22.2
SW7	2-Dez-05	40	7.99	81.46	83	58.79	19.3
SW7	4-Dez-05	5	7.97	81.69	180	58.86	20.4
SW7	6-Dez-05	5	8.45	85.27	152	58.34	22.0
SW7	8-Dez-05	5	7.97	81.48	155	58.74	20.2
SW7	10-Dez-05	5	8.03	82.54	212	59.53	19.5

ID	Data de amostragem	Turb (NTU)	pH do campo	Cond. (ps/cm)	ORP (mv)	TDS (ppm)	Temperatura (°C)
SW7	12-Dez-05	5	8.73	82.27	227	59.02	22.5
SW7	14-Dez-05	10	8.73	82.11	154	59.14	20.5
SW7	16-Dez-05	5	8.66	82.05	173	59.19	19.7
SW7	18-Dez-05	5	8.27	82.02	64	59.31	18.4
SW7	20-Dez-05	5	7.61	82.57	191	59.62	18.4
SW7	1-Jan-06	5	8.30	94.16	164	59.89	21.7
SW7	4-Jan-06	15	6.87	85.70	39	60.62	21.0
SW7	8-Jan-06	5	8.32	86.77	37	62.33	22.2
SW7	11-Jan-06	5	8.00	87.43	106	63.21	18.7
SW7	15-Jan-06	30	7.48	88.63	87	64.11	17.7
SW7	18-Jan-06	5	7.83	89.55	146	64.87	17.5
SW7	22-Jan-06	5	8.03	90.16	32	65.46	16.4
SW7	25-Jan-06	5	8.08	90.40	154	65.35	18.6
SW7	29-Jan-06	5	8.18	91.22	28	66.22	16.5
SW7	1-Fev-06	5	8.03	93.00	65	66.70	17.6
SW7	5-Fev-06	5	8.06	93.36	-32	67.48	18.1
SW7	8-Fev-06	5	8.35	93.11	160	67.26	19.1
SW7	12-Fev-06	5	7.83	95.42	-531	68.94	18.9

SW7	15-Fev-06	5	8.18	95.41	36	69.04	17.9
SW7	19-Fev-06	5	8.73	92.70	-14	66.20	25.5
SW7	22-Fev-06	43	8.62	97.14	-32	69.35	25.5
SW7	26-Fev-06	5	8.16	98.80	-2	171.60	20.4
SW7	1-Mar-06	10	8.29	99.77	94	71.79	21.0
SW7	5-Mar-06	5	8.51	98.43	48	70.98	19.8
SW7	8-Mar-06	5	8.39	101.20	207	72.73	21.6
SW7	12-Mar-06	13	8.91	101.10	172	71.77	26.9
SW7	15-Mar-06	15	8.13	101.80	137	73.27	21.2
SW7	19-Mar-06	500	8.32	100.30	153	71.44	26.8
SW7	22-Mar-06	500	8.04	103.50	144	74.37	22.5
SW7	26-Mar-06	10	8.18	106.10	129	76.12	22.8
SW7	29-Mar-06	400	8.06	95.35	114	68.15	24.8
SW7	2-Abr-06	10	8.34	105.00	143	75.48	22.0
SW7	5-Abr-06	5	8.57	104.70	11	70.97	28.4

ID	Data de amostragem	Turb (NTU)	pH do campo	Cond. (ps/cm)	ORP (mv)	TDS (ppm)	Temperatura (°C)
SW7	12-Abr-06	400	8.22	106.60	111	76.42	23.5
SW7	16-Abr-06	10	8.81	103.50	116	73.63	27.4
SW7	19-Abr-06	200	8.80	107.90	116	76.69	25.6

SW7	23-Abr-06	200	9.09	105.60	127	749.20	28.9
SW7	26-Abr-06	150	7.98	112.00	53	80.04	23.3
SW7	30-Abr-06	500	8.18	90.76	97	64.72	24.5
SW7	3-maio-06	400	8.77	123.90	91	87.60	28.6
SW7	7-maio-06	500	8.77	112.50	99	79.77	28.0
SW7	10-maio-06	500	8.73	114.10	90	80.55	28.1
SW7	14-maio-06	500	8.28	108.40	125	77.44	23.9
SW7	17-maio-06	500	8.59	117.50	129	83.96	23.7
SW7	21-maio-06	100	8.53	120.60	105	86.34	22.3
SW7	24-maio-06	500	7.21	122.90	132	88.28	23.2
SW7	24-maio-06	200	8.19	155.10	33	111.70	21.1
SW7	25-maio-06	100	8.36	127.60	83	90.98	25.2
SW7	31-maio-06	200	9.19	129.30	118	91.74	25.8
SW7	4-Jun-06	500	8.28	155.80	177	115.50	25.2
SW7	11-Jun-06	300	8.56	182.40	110	118.50	23.4
SW7	14-Jun-06	200	9.24*	181.60	138	116.50	27.3
SW7	18-Jun-06	150	9.50*	164.80	149	145.90	26.4
SW7	21-Jun-06	200	9.00	139.80	145	89.43	25.8
SW7	25-Jun-06	300	9.40	132.90	144	84.66	27.6
SW7	28-Jun-06	200	9.08	132.40	135	931.20	27.6
SW7	2-Jul-06	200	8.74	153.60	140	110.50	22.5
SW7	9-Jul-06	500	7.43	189.30	183	135.90	27.7

SW7	12-Jul-06	500	8.03	110.90	138	79.43	23.1
SW7	16-Jul-06		8.02	121.30	133	86.25	24.2
SW7	23-Jul-06		8.18	192.20	70	129.60	
SW7	26-Jul-06		6.54	166.90	82	112.60	
SW7	23-Aug-06	190	8.89	142.90	146	86.83	21.6
SW7	27-Aug-06	400	7.93	119.20	98	76.93	22.6
SW7	30-Aug-06	200	8.50	117.60	116	76.18	22.2
SW7	3-Set-06	100	8.78	110.30	150	83.11	25.8

ID	Data de amostragem	Turb (NTU)	pH do campo	Cond. (ps/cm)	ORP (mv)	TDS (ppm)	Temperatura (°C)
SW7	6-Set-06	80	8.16	105.60	64	68.36	25.2
SW7	10-Set-06	82	7.93	104.10	52	67.64	22.6
SW7	13-Set-06	150	6.58	113.50	187	73.68	21.1
SW7	17-Set-06	100	7.49	108.90	77	70.26	24.4
SW7	20-Set-06	100	7.23	109.40	147	70.96	22.7
SW7	24-Set-06	200	7.72	117.00	67	75.66	24.3
SW7	27-Set-06	80	7.49	127.70	69	82.74	23.0
SW7	1-Out-06	100	7.42	106.40	55	69.09	23.0
SW7	4-Out-06	150	7.48	110.90	52	71.05	23.5

SW7	8-Out-06	85	7.45	105.90	25	67.85	24.3
SW7	11-Out-06	200	7.28	108.40	57	69.89	24.6
SW7	15-Out-06	10	7.50	107.40	96	69.56	24.8
SW7	18-Out-06	200	7.45	105.40	200	68.47	23.4
SW7	22-Out-06	200	7.28	111.50	152	72.19	24.4
SW7	25-Out-06	400	7.30	104.50	210	67.65	23.6
SW7	29-Out-06	400	7.15	102.60	169	68.25	22.6
SW7	1-Nov-06	300	7.85	101.90	172	68.24	22.6
SW7	5-Nov-06	300	7.45	101.20	40	67.64	22.2
SW7	12-Nov-06	80	7.36	96.30	111	64.35	22.8
SW7	15-Nov-06	300	7.82	96.17	44	64.51	23.2
SW7	19-Nov-06	200	7.16	98.22	94	65.82	23.3
SW7	22-Nov-06	200	7.79	99.29	167	67.14	23.1
SW7	26-Nov-06	40	7.80	96.32	102	64.90	21.3
SW7	29-Nov-06	100	7.44	97.34	37	63.43	22.2
SW7	3-Dez-06	200	7.46	97.06	23	56.10	23.2

SW7	6-Dez-06	40	7.45	101.40	41	68.05	22.6
SW7	10-Dez-06	80	7.68	102.60	0	110.00	27.7
SW7	13-Dez-06	30	8.67	105.10	15	68.30	22.4
SW7	17-Dez-06	5	7.97	101.00	39	66.35	17.1
SW7	22-Jul-07	80	8.08	150.00	172	110.00	
SW7	29-Jul-07	5	8.50	519.00	39.5	80.00	27.8
SW7	1-Aug-07	80	7.99	160.00	18.7	80.00	24.8
SW7	5-Aug-07	200	8.73	139.00	25.5	68.00	24.2

ID	Data de amostragem	Turb (NTU)	pH do campo	Cond. (ps/cm)	ORP (mv)	TDS (ppm)	Temperatura (°C)
SW7	8-Aug-07	80	8.43	173.00	24.3	86.00	24.5
SW7	12-Aug-07	300	7.60	165.00	23.9	83.00	23.5
SW7	15-Aug-07	45	7.85	142.00	-4.8	71.00	25.3
SW7	19-Aug-07	40	7.71	143.00	-21.5	71.00	25.2
SW7	23-Aug-07	300	7.35	256.00	50.2	123.00	25.1
SW7	26-Aug-07	35	7.95	266.00	-37.7	135.00	26.5
SW7	29-Aug-07	200	7.55	248.00	27.4	124.00	25.8
SW7	2-Set-07	110	7.82	243.00	-9	122.00	25.8
SW7	5-Set-07	400	7.91	267.00	-4.9	134.00	25.1
SW7	9-Set-07	20	8.18	253.00	-43.6	126.00	25.1
SW7	12-Set-07	100	7.87	252.00	44.9	126.00	25.0

SW7	16-Set-07	50	7.98	184.00	73.8	92.00	26.5
SW7	19-Set-07	500	7.30	183.00	75	90.00	26.3
SW7	23-Set-07	40	7.37	169.00	-18	85.00	25.3
SW7	26-Set-07	30	7.23	176.00	-38.3	88.00	25.3
SW7	30-Set-07	5	7.85	150.00	40.8	75.00	25.7
SW7	3-Out-07	5	7.80	154.00	-63.9	76.00	24.6
SW7	7-Out-07	400	7.92	184.00	-71.2	90.00	23.5
SW7	10-Out-07	400	7.73	189.00	-55.4	94.00	22.7
SW7	14-Out-07	50	7.91	215.00	-135.1	107.00	23.8
SW7	17-Out-07	75	8.09	152.00	-193.8	76.00	22.8
SW7	3-Jan-08	15	8.16	105.00	58.5	53.00	18.4
SW7	10-Jan-08	5	8.44	102.00	148.7	52.00	21.3
SW7	17-Jan-08	40	8.48	108.00	77.5	54.00	21.0
SW7	24-Jan-08	50	8.19	198.00	52.2	88.00	23.1
SW7	31-Jan-08	500	8.02	119.00	37.3	60.00	20.6
SW7	7-Fev-08	60	8.44	131.00	44.5	65.00	23.1
SW7	14-Fev-08	25	8.56	126.00	61.4	63.00	20.0
SW7	21-Fev-08	200	8.22	118.00	47.4	59.00	21.6
SW7	28-Fev-08	10	8.55	108.00	2.4	54.00	21.5
SW7	6-Mar-08	150	8.07	153.00	4.7	76.00	21.9
SW7	13-Mar-08	5	8.75	140.00	24.3	70.00	25.4
SW7	20-Mar-08	350	8.11	102.00	-5.4	91.00	25.1

ID	Data de amostragem	Turb (NTU)	pH do campo	Cond. (ps/cm)	ORP (mv)	TDS (ppm)	Tempera tura (°C)

SW7	27-Mar-08	150	7.75	129.00	15.4	64.00	25.9
SW7	3-Abr-08	300	8.61	158.00	-37.3	74.00	26.8
SW7	10-Abr-08	30	8.31	162.00	-1.5	81.00	30.3
SW7	17-Abr-08	90	9.06	196.00	72.6	98.00	30.4
SW7	24-Abr-08	500	7.88	166.00	18.9	83.00	24.6
SW7	1-maio-08	500	8.30	118.00	48.1	59.00	23.4
SW7	8-maio-08	500	8.08	114.00	85.8	57.00	24.3
SW7	15-maio-08	80	7.67	161.00	-7	81.00	24.8
SW7	22-maio-08	300	8.61	156.00	-7.4	78.00	26.4
SW7	29-maio-08	150	8.19	175.00	-19.8	87.00	26.4
SW7	5-Jun-08	500	8.08	175.00	-12.9	87.00	24.5
SW7	12-Jun-08	60	8.15	124.00	19.7	62.00	24.7
SW7	19-Jun-08	500	7.72	90.00	19.5	55.00	22.1
SW7	26-Jun-08	300	7.28	98.00	-9.8	49.00	25.1
Miximum		*500*	*9.5**	*519*	*300*	*931.2*	*30.39*
Mínimo		*5*	*6.54*	*53.42*	*-531*	*34.75*	*16.4*

ID	Data de amostragem	Turb (NTU)	pH do campo	Cond. (ps/cm)	ORP (mv)	TDS (ppm)	Temperatura (°C)
Média	*147.18*	*7.98*	*118.61*	*102.06*	*81.08*	*23.74*	

Apêndice A6: Dados de amostragem em SW19

ID	Data de amostragem	Turb (NTU)	pH do campo	Cond. (ps/cm)	ORP (mv)	TDS (ppm)	Temperatura (°C)
SW19	08-Set-06		6.82	177.40	175.00	119.10	
SW19	23-Nov-06	250	7.39	110.90	58.00	68.06	23.00
SW19	06-Dez-06	300	7.20	101.00	6.00	67.83	22.80
SW19	13-Dez-06	200	7.80	105.50	4.00	68.68	21.70
SW19	01-Aug-07	130	8.16	140.00	10.70	70.00	24.68
SW19	08-Aug-07	500	8.23	136.00	14.00	68.00	23.91
SW19	15-Aug-07	350	7.72	114.00	8.40	57.00	25.80
SW19	23-Aug-07	500	7.49	2.70	50.50	104.00	25.34
SW19	29-Aug-07	500	7.43	182.00	42.80	91.00	27.98
SW19	05-Set-07	500	7.54	191.00	13.20	96.00	23.64
SW19	12-Set-07	500	7.53	195.00	66.30	99.00	25.54
SW19	19-Set-07	500	7.46	149.00	73.60	74.00	25.34
SW19	26-Set-07	300	7.01	151.00	-35.60	75.00	25.88
SW19	03-Out-07	400	7.67	137.00	-56.90	60.00	24.16
SW19	10-Out-07	180	7.47	171.00	-73.50	86.00	25.57
SW19	17-Out-07	400	7.62	148.00	194.10	74.00	24.19
SW19	03-Jan-08	50	7.89	104.00	35.20	53.00	18.82
SW19	10-Jan-08	400	8.05	69.00	75.20	35.00	21.43

SW19	17-Jan-08	500	7.95	101.00	73.70	51.00	20.36
SW19	24-Jan-08	500	7.81	115.00	62.10	57.00	21.50
SW19	31-Jan-08	500	8.70	142.00	38.90	71.00	20.91
SW19	07-Fev-08	400	8.15	122.00	33.50	61.00	21.98
SW19	14-Fev-08	500	8.04	116.00	58.80	58.00	19.58
SW19	21-Fev-08	200	7.65	115.00	96.60	58.00	20.02
SW19	28-Fev-08	500	7.42	64.00	-3.30	41.00	21.58
SW19	06-Mar-08	500	7.46	138.00	15.20	69.00	21.11
SW19	13-Mar-08	400	8.33	116.00	-12.90	58.00	22.43
SW19	20-Mar-08	500	8.19	96.00	-3.20	48.00	25.44
SW19	27-Mar-08	500	7.34	113.00	9.20	56.00	25.24
SW19	03-Abr-08	400	8.10	108.00	-26.50	55.00	23.98
SW19	10-Abr-08	500	7.77	119.00	6.50	60.00	28.54
SW19	17-Abr-08	200	8.68	147.00	-25.60	73.00	28.33
SW19	24-Abr-08	500	7.45	115.00	30.20	58.00	25.39

ID	Data de amostragem	Turb (NTU)	pH do campo	Cond. (ps/cm)	ORP (mv)	TDS (ppm)	Temperatura (°C)
SW19	01-maio-08	500	8.11	117.00	93.30	59.00	25.53
SW19	08-maio-08	150	8.24	120.00	26.60	60.00	24.39

SW19	15-maio-08	99	7.40	176.00	13.90	88.00	24.27
SW19	22-maio-08	500	7.88	109.00	-45.00	54.00	24.66
SW19	29-maio-08	500	7.89	172.00	6.50	86.00	26.11
SW19	05-Jun-08	500	8.12	106.00	-45.90	53.00	22.92
SW19	12-Jun-08	300	8.17	108.00	15.10	134.00	24.42
SW19	19-Jun-08	500	7.61	174.00	37.40	38.00	22.57
SW19	26-Jun-08	300	7.05	80.00	13.30	40.00	25.51
Miximum		*500*	*8.7*	*195*	*194.1*	*134*	*28.54*
Mínimo		*50*	*6.82*	*2.7*	*-73.5*	*35.00*	*18.82*
Média		*388.02*	*7.76*	*125.56*	*26.89*	*67.90*	*23.82*

Apêndice B 1 Dados de amostragem para parâmetros químicos em SW1

ID do sítio	Data de amostragem	Nitrito + Nitrato como N (mg/L)	Azoto total Kjeldahl como N (mg/L)	Fósforo total como P mg/L	Cobre (pg/L)	Ouro (pg/L)	Chumbo (pg/L)	Mercúrio pg/L
SW01	23-Jan-05	0.08	<0.1	<0.1	<1		<1	<0.5
SW01	23-Fev-05	0.06	0.2	0.2	11		6	<0.5
SW01	24-Fev-05	0.04	0.1	<0.1	<1		<1	<0.5
SW01	21-Mar-05	0.05	<0.1	<0.1	<1		<1	<0.5
SW01	5-Abr-05	0.42	<0.1	<0.1	<1		<1	<0.5
SW01	7-Abr-05	0.23			47		28	<0.5
SW01	8-maio-05	<0.01	0.3		2		<1	<0.05
SW01	8-maio-05	0.22	0.3		2		<1	<0.05
SW01	4-Fev-07	0.02	0.2	<0.1	<1		<1	<0.5
SW01	1-Jul-07	0.05	<0.1	<0.1	<1	<1	<1	<0.5
SW01	12-Aug-07	0.06	0.1	<0.1	<1	<1	<1	<0.5
SW01	14-Nov-07	0.07	0.1	<0.1	<1	<1	<1	<0.5
SW01	21-Fev-08	0.05	0.1	<0.1	1	<1	2	<0.5
SW01	15-maio-08	0.1	<.1	<0.1	1	<1	1	<0.5

Apêndice B 2 Dados de amostragem para parâmetros químicos em SW2

ID do sítio	Data de amostragem	Nitrito + Nitrato como N (mg/L)	Azoto total Kjeldahl como N (mg/L)	Fósforo total como P mg/L	Cobre (pg/L)	Ouro (pg/L)	Chumbo (pg/L)	Mercúrio pg/L
SW02	22-Jan-05	0.01	14.4	4.8	4		<1	<0.5
SW02	23-Fev-05	0.07	0.2	<0.1	3		2	<0.5
SW02	24-Fev-05	0.01	0.1	<0.1	<1		<1	<0.5
SW02	21-Mar-05	0.05	0.1	<0.1	2		2	<0.5

SW02	5-Abr-05	0.26			40		27	<0.5
SW02	8-maio-05	0.2	0.3		6		2	<0.05
SW02	8-maio-05				1		3	<0.5
SW02	29-Out-05				<1		<1	<0.1
SW02	4-Fev-07	0.03	0.1	<0.1	<1		<1	2
SW02	1-Jul-07	1.05	1.7	<0.1	292	4	2	<0.5
SW02	12-Aug-07	0.13	0.2	<0.1	5	<1	6	<0.5
SW02	14-Nov-07	0.09	0.1	<0.1	<1	<1	<1	<0.5
SW02	21-Fev-08	0.06	0.1	<0.1	1	<1	<1	<0.5
SW02	15-maio-08	0.5	4.7	<0.1	734	4	2	<0.5

Apêndice B3 Dados de amostragem dos parâmetros químicos em SW4

ID do sítio	Data de amostragem	Nitrito + Nitrato como N (mg/L)	Azoto total Kjeldahl como N (mg/L)	Fósforo total como P mg/L	Cobre (pg/L)	Ouro (pg/L)	Chumbo (pg/L)	Mercúrio pg/L
SW04	22-Jan-05	0.07	0.1	<0.1	<1		<1	<0.5
SW04	1-Fev-05	0.06	0.1	<0.1	1		1	<0.5
SW04	24-Fev-05	0.01	<0.1	<0.1	<1		<1	<0.5
SW04	21-Mar-05	0.02	0.5	<0.1	4		28	<0.5
SW04	9-Abr-05	0.33			40		545	0.9
SW04	8-maio-05				<1		1	<0.5
SW04	8-maio-05				<1		<1	<0.5
SW04	2-Jun-05				<1		<1	<0.5
SW04	29-Out-05				<1		<1	<0.1
SW04	18-Jun-06	<0.01	<0.1	<0.01	<1		<1	<0.1
SW04	7-Fev-07	0.02	<0.1	<0.1	<1		<1	<0.5
SW04	1-Jul-07	0.19	1.8	0.1	2	<1	3	<0.5
SW04	14-Nov-07	0.09	0.2	<0.1	<1	<1	<1	<0.5

| SW04 | 22-Fev-08 | 0.03 | <0.1 | <0.1 | <1 | <1 | <1 | <0.5 |
| SW04 | 15-maio-08 | 0.05 | 0.2 | <0.1 | <1 | <1 | <1 | <0.5 |

Apêndice B4 Dados de amostragem dos parâmetros químicos em SW5

ID do sítio	Data da amostragem	Nitrito + Nitrato como N (mg/L)	Azoto total Kjeldahl como N (mg/L)	Fósforo total como P mg/L	Cobre (pg/L)	Ouro (pg/L)	Chumbo (pg/L)	Mercúrio pg/L
SW05	22-Jan-05	0.25	0.1	<0.1	1		<1	<0.5
SW05	21-Mar-05	0.77	1.4	<0.1	1		2	2.8
SW05	08-maio-05				14		3	<0.5
SW05	08-maio-05				1		<1	<0.5
SW05	02-Jun-05				1		<1	<0.5
SW05	29-Out-05	<0.01	0.4	0.33	1		1	<0.1
SW05	21-Jun-06				10		66	<0.1
SW05	07-Fev-07	0.02	<0.1	<0.1	1		<1	<0.5
SW05	01-Jul-07	0.2	1	0.6	168	<1	56	<0.5
SW05	12-Aug-07	0.13	0.3	<0.1	73	<1	34	<0.5
SW05	14-Nov-07	0.20	<0.1	<0.1	24	<1	4	<0.5
SW05	22-Fev-08	0.04	0.1	<0.1	12	<1	2	<0.5
SW05	21-Abr-08	0.08	0.7	<0.1	15	<1	1	<0.5
SW05	15-maio-08	0.05	0.8	<0.1	54	<1	8	<0.5

Apêndice B5 Dados de amostragem para parâmetros químicos em SW7

ID do sítio	Data	Nitrito + Nitrato como N (mg/L)	Azoto total Kjeldahl como N (mg/L)	Fósforo total como P mg/L	Cobre (pg/L)	Ouro (pg/L)	Chumbo (pg/L)	Mercúrio pg/L
SW07	22-Jan-05	0.16	<0.1	<0.1	<1		<1	<0.5
SW07	24-Fev-05	<0.01	<0.1	<0.1	<1		<1	<0.5

SW07	06-maio-05	0.05	<0.1	<0.1	2		15	<0.5
SW07	07-maio-05	0.05	0.2		2		1	<0.05
SW07	29-Out-05	<0.010			<1			
SW07	24-maio-06			<0.1	<1		<1	<0.1
SW07	21-Jun-06	<0.01	<0.1	<0.01	<1		<1	<0.1
SW07	08-Fev-07	0.02	0.3	0.2	<1		<1	<0.5
SW07	01-Jul-07	0.36	1	0.2	58	<1	13	<0.5
SW07	12-Aug-07	0.2	<0.1	<0.1	22	<1	5	<0.5
SW07	14-Nov-07	0.10	<0.1	<0.1	3	<1	1	<0.5

Apêndice B6 Dados de amostragem dos parâmetros químicos em SW19

ID do sítio	Data da amostragem	Nitrito + Nitrato como N (mg/L)	Azoto total Kjeldahl como N (mg/L)	Fósforo total como P mg/L	Cobre (pg/L)	Ouro (pg/L)	Chumbo (pg/L)	Mercúrio pg/L
SW19	07-Fev-07	0.01	0.4	0.2	1		1	<0.5
SW19	30-Jun-07	0.42	0.7	0.1	39	<1	8	<0.5
SW19	12-Aug-07	0.17	0.2	0.1	22	<1	7	<0.5
SW19	14-Nov-07	0.10	0.2	0.1	8	<1	5	<0.5
SW19	21-Fev-08	0.02	0.5	0.1	13	<1	7	<0.5
SW19	15-maio-08	0.54	0.6	0.1	39	<1	3	<0.5

Nota: As amostras na WS19 só começaram a ser recolhidas no início de 2007, mas outras foram recolhidas em 2003 ou 2005
* o resultado pode estar errado devido a um problema de equipamento.